NEW WCDP 新文京開發出版股份有限公司
新世紀．新視野．新文京 — 精選教科書．考試用書．專業參考書

New Wun Ching Developmental Publishing Co., Ltd.

New Age · New Choice · The Best Selected Educational Publications — NEW WCDP

綠色能源
科技
5th
Edition
鍾金明 編著

第五版
ECO
FRIENDLY
TECHNOLOGY

5版序

PREFACE

能源是經濟的動力，二十一世紀人類面臨永續發展最重要的議題，包含能源、環境、經濟與水資源及糧食等。其重要程序是以能源排第一順位。為了減緩地球暖化和溫室效應影響氣候變化、威脅人類生存；為了維持全球永續發展，聯合國持續透過公約機制制定潔淨與減碳節能的能源政策，以加速能源科技之發展與環境保護。

本書內容適合大學程度理工學系之讀者閱讀，亦可作為從事能源開發、環境保護等領域之工程技術人員的參考資料。本書藉由淺顯易懂的文字與圖表，說明能源科技之種類原理與應用方法，以利於各種不同領域背景的讀者能夠融會貫通；協助國內大學生及對能源科技有興趣的學習者，能夠順利進入能源科技的研究發展平臺。

第五版每章新增加「選擇題」，與「問題討論」一起有效顯示各章節的核心內容，提供讀者快速的融會貫通，清楚建構各單元目標與應用；另外強化更新相關表格最新數據及資料，以期達到新穎正確的參考資訊。本書共分十一章，分別說明各章主題，第一章〈能源科技概論〉、第二章〈汽電共生〉、第三章〈太陽能發電系統〉、第四章〈風力發電系統〉、第五章〈燃料電池〉、第六章〈生質能〉、第七章〈小水力發電〉、第八章〈地熱能〉、第九章〈海洋能〉、第十章〈節能技術〉、第十一章〈儲能概論與應用〉。本書整體架構清晰，讀者能體認各種潔淨能源的原理和實務應用，將是一本相關綠色能源新知良好參考資料。

由於能源科技技術日新月異，技術不斷的提升，隨時均有進步發展空間，實難免有疏漏之處，尚祈先進多賜改進意見，俾能力求修正完善。

鍾金明 謹識

ECO FRIENDLY TECHNOLOGY

目錄

CONTENTS

CONTENTS

能源科技概論

1-1 能源與科技之探討
1-2 能源與氣候環境之關係
1-3 能源之種類與能源之形態轉換
1-4 熱與能量
1-5 熱力學第一定理
1-6 熱力學第二定理
1-7 能源科技現況與未來發展

1-1 能源與科技之探討

ECO FRIENDLY TECHNOLOGY

一、能源的概論

隨著科技的進步及物質文明的普及，人類每天生活必須依賴能源，藉由能源科技的發展，可以有效地提升人類的生活品質以及國家經濟發展的原動力。尤其面臨全球的石油能源危機，石油價格日漸上漲；另一方面環保意識抬頭的今天，1992 年通過《氣候變化綱要公約》，其主要內容為對於人為造成之溫室氣體之管制；1997 年訂定《京都議定書》，於 2005 年 2 月起正式生效，強制規範聯合國會員國必須以 1990 年排放水準為基準，用以管制溫室氣體排放量（包含 CO_2、CH_4、N_2O）。世界各國積極改善能源使用結構，提升能源使用效率，節約能源與減低碳排放管理等策略。其中以調整潔淨能源之使用，達到溫室氣體減量目標，開發無汙染的能源科技成為各國考量能源使用之重要課題。

因此，發展具有低碳性之綠色能源(Green energy)，更成為本世紀能源使用方式重大變革，像太陽能(Solar energy)、風力(Wind energy)、生質能(Bio energy)、地熱能(Geothermal energy)、水力(Hydro-power)、海洋能(Ocean energy)與燃料電池(Fuel cell)等，這些皆是無汙染或低汙染的能源，對於環境保護具有相當友善程度，更能有效降低溫室氣體排放量，對於大自然生態與人類生存助益頗大。

至於國內，為了因應聯合國氣候變化綱要公約，降低溫室氣體排放，並且依照「全國能源會議」、「全國經濟發展會議」以及「經濟發展諮詢會議」之共識結論，綠色能源科技成為我國未來能源發展主軸之一。為了使國內之產業能永續經營，具有競爭力，其中重要之條件是要具備充裕電力供應，在核能、火力發電比率要漸趨減低的潮流下，潔淨能源之開發將是目前國家產業、環保與能源發展之重要方向與議題。確實能源供應穩定、安全與永續，落實 3E（能源 Energy、經濟 Economy、環保 Environment）平衡的對策。

我國近幾年正積極推動再生能源發展，全面向國際社會宣示我國對降低溫室氣體排放的決心與努力外，對內更不遺餘力的宣導與鼓勵利用再生能源，使社會大眾能夠深刻體認到綠色環保與永續發展的觀念，進而帶動能源節約，以及開發自產潔淨能源，並同時帶動國內再生能源產業之發展，促進發電結構調整，朝向低碳能源之使用。

(一) 能源之定義

談及能源(Energy)其定義很多，例如：《大英百科全書》對能源的定義是一個包含所有燃料、流水、陽光和風的術語，人類用適當的轉換手段便可讓它為自己提供所需的能量。《日本大百科全書》也說到能源是在各種生產活動中，我們利用熱能、機械能、光能、電能等來作功，可利用來作為這些能量源泉的自然界中的各種載體，稱為能源。《大陸能源百科全書》也述及能源是可以直接或經轉換提供人類所需的光、熱、動力等任一形式能量的載能體資源。我國之科學技術百科全書給予能源之定義是可以從其獲得熱、光和動力之類能量的資源。

因此，歸納以上所述，「能源」可產生強而有力活動能力，是一種與生俱來的能量或是潛在的力量。

(二) 能源的分類

在大自然中，能源可分類為兩大類，即再生能源與非再生能源。

1. 再生能源

(1) 太陽能(Solar energy)：其應用包含太陽光電與太陽熱能發電、太陽熱水器等。

(2) 風力(Wind energy)：分為陸上型及離岸型的風力系統。

(3) 生質能(Bio energy)：包含傳統型與現代化利用生質能的技術。一般生質能源可藉由直接燃燒、沼氣利用、生物質氣化、生物質熱分解、生物質液化、能源農場、酒精發酵、厭氧消化及酯化作用等轉化技術而加以利用。

(4) 地熱能(Geothermal energy)：利用地殼內之高溫熱水汽資源，可開發用來發電，乃做為工業上加熱或農業上溫室培育等多目標之利用。

(5) 水力(Hydro-power)：主要是指小型的水力系統發電。

(6) 海洋能(Ocean energy)：主要為潮汐、波浪、洋流、溫差發電，全球著手調查海洋能發電具有開發潛力之國家，多數係利用海洋能的能量，來控制及驅動發電。

2. 非再生能源

(1) 石化燃料(Fossil fuel)：係指煤、石油、天然氣、頁岩油及油砂等。

(2) 核分裂燃料(Nuclear fission fuel)：鈾 235。

(3) 核融合燃料(Nuclear fusion fuel)：氘。

(4) 燃料電池(Fuel cell)：主要有鹼性燃料電池(AFC)、磷酸燃料電池(PAFC)、質子交換膜燃料電池(PEMFC)、熔融碳酸鹽燃料電池(MCFC)、固態氧化物型燃料電池(SOFC)與直接甲醇燃料電池(DMFC)。

(5) 其他熱能。

(三) 能源之形式

能源形式有很多種，可簡單分為七種：

1. 化學能(Chemical energy)：藉由物質經歷化學反應時即會釋放出能量。

2. 熱能(Heat energy)：乃由於物質中分子的自由運動，而產生溫度上升或下降的狀態。

3. **質能(Mass energy)**：物質本身的質量可轉換成能量。
4. **位能(Potential energy)**：由於物質於力場中位置高低不同，而造成之能量。
5. **動能(Kinetic energy)**：當一個物質有一個質量，並以若干速度作直線運動時，其所產生之能量。
6. **電磁輻射(Electromagnetic radiation)**：利用光源之傳遞而產生之能量。
7. **電能(Electric energy)**：藉由各項發電種類（水力、火力、核能、太陽能、風力，以及燃料電池等）將能量轉換而產生電力。

二、科技的概論

在二十一世紀的社會中，具備「科技素養」是很重要的一項能力。科技素養由不同層面或角度切入，可產生許多不同的解釋。以下為國內外學者，對科技素養與科技的定義：

Devore(1985)對科技素養的解釋：將科學知識應用在人類適應系統，包括工具、機器、材料與技術等。

Bender(1993)對科技定義：科技是一種知識本體，是有系統的運用各種資源來滿足人類需求的成果。

Dyrenfurth(1984)對科技定義：具備廣泛的科技知識、基本操作技能與應具備的態度，使人們有能力去運用有關的工具、機械、材料和過程，以改善人類生活品質。

國內科技教育學者康自立(1995)對科技定義：人類運用知識、創意、資源和行動，以解決實務問題與生活環境為目的，所從事之設計、製造和服務，並使用各種產品、結構或系統，以延伸人類的潛能來控制、修正自然或人類系統，並探討其對個人、社會、環境及人類文明之現在與未來所產生之衝擊的知識體行為表現。

依據 Devore 等人(1980)對於科技體系之分類如以下所述：

（一）生產科技(Production technology)

1. 資源系統(Resource system)。
2. 製造系統(Manufacturing system)。
3. 營建系統(Constructation system)。

（二）運輸科技(Transportation technology)

1. 運輸系統(Transportation system)。
2. 能源動力系統(Energy / Power system)。

（三）傳播科技(Communication technology)

1. 傳播系統(Communication system)。
2. 資訊系統(Information system)。

1-2 能源與氣候環境之關係

ECO FRIENDLY TECHNOLOGY

一、我國能源與環境之策略

面對二十一世紀，將是能源科技與環保相互依存，同時彼此抗衡的時代；依據聯合國「跨政府氣候變遷小組」於 2001 年發表之第三次評估報告，對於平均溫度的上升造成全球氣候變遷，專家預估世界各地異常氣候現象（如不正常暴雨及乾旱等）將更頻繁與劇烈，等到 2100 年時全球地面溫度將比 1990 年增加 1.4～5.8°C，而海平面將上升 9～88 公分。並附帶影響環境的物理及生物體系，如改變水的循環，造成物體分布遷移，植物開花季節變異等，直接衝擊自然生態與人類社會。

104 年 7 月 1 日的《溫室氣體減量及管理法》公布施行，其中第 3 條談到溫室氣體：指二氧化碳(CO_2)、甲烷(CH_4)、氧化亞氮(N_2O)、氫氟碳化物(HFC_S)、全氟碳化物(PFC_S)、六氟化硫(SF_6)、三氟化氮(NF_3)及其他經中央主管機關公告者。至於溫室氣體並不僅是 CO_2，其他諸如垃圾掩埋場所排放之沼氣（甲烷，CH_4）、農業運作中所排放之氧化亞氮(N_2O)等氣體，均可造成溫室效應，但屬 CO_2 造成之影響最為顯著，對於全球暖化現象之影響度高於 50%，然而人為活動燃燒的能源——石化燃料，是造成 CO_2 排放增加之主要原因。身為地球村的一員，皆擔負有改變能源使用結構，以減緩環境品質惡化的責任，才能建立一個青山常在、綠水常流，永續生存的優質環境。

我國的《溫室氣體減量及管理法》104 年 6 月 15 日立法院三讀通過，同年 7 月 1 日公布施行，總計 6 章及條文 34 條，包括第一章〈總則〉、第二章〈政府機關權責〉、第三章〈減量對策〉、第四章〈教育宣導與獎勵、第五章〈罰責〉、第六章〈附則〉。

112 年《溫室氣體減量及管理法》改名為《氣候變遷因應法》，內容更新為 7 章 63 條，包括第一章〈總則〉、第二章〈政府機關權責〉、第三章〈氣候變遷調適〉、第四章〈減量對策〉、第五章〈教育宣導及獎勵〉、第六章〈罰則〉、第七章〈附則〉。

臺灣減碳目標為 2050 年較 2005 年低 50%，其規範對象為特定產業，排放量達 25,000 公噸 CO_2 之排放源。

本法條依據聯合國氣候變化綱要公約，京都議定書巴黎新協、國際相關會之決事項，國際溫室氣體減量規定。其能力建構及配套措施有盤查、查證、登錄、核配、低換、拍賣、配售、交易，最後到達總量管制。

我國「減碳四法」已完備三法《能源管理法》、《再生能源發展條例》、《氣候變遷因應法》，尚待完成立法是《能源稅法》，期能致力打造低碳永續家園，促進綠色成長。

我國對於能源供給結構必須予以調整，朝向低碳、無碳的方向發展，則可在維持現有能源供應的規模之下，降低 CO_2 之排放。因此，1998 年 5 月政府召開「全國能源會議」，就再生能源推廣的議題，立下「2020 年占能源總供給 3%」的目標。為營造再生能源之推廣環境，行政院於 2002 年 1 月公布施行「再生能源發展方案」、「再生能源發展條例草案」，該法案已於 2009 年 6 月完成三讀程序，同年 7 月 8 日公布施行，104 年 7 月 1 日增加《溫室氣體減量及管理法》，成為國內推廣再生能源利用之主要法源依據。

因應《京都議定書》(Kyoto Protocol)於 2005 年 2 月 16 日正式生效，全球各地不斷呼籲藉由推動二氧化碳減量、節約能源、降低石化燃料使用量或是徵收碳稅等手段，以減輕氣候暖化帶給地球生態及人類社會之威脅。目前政府正逐步修訂我國再生能源發展目標，全力推動風力發電、太陽光電及生質能研發與應用，預期 2015 年將再生能源發電比例擴增至 15%。以下就政府推動再生能源之策略及成效進一步加以說明。

《再生能源發展條例》共計 23 條，其基本架構內容可分為五大項：

1. 符合再生能源條件的能源種類。
2. 相關再生能源之獎勵辦法和推廣上限。
3. 設立電廠所需的土地取得和輸電線路用地。
4. 再生能源產業促進發展的獎勵方式和規定。
5. 再生能源收購電價方式。（參閱經濟部能源局 111 年資料）

另附再生能源電能躉購費率計算公式：

$$\text{躉購費率}=\frac{\text{期初設置成本}\times\text{資本還原因子}+\text{年運轉維護費用}}{\text{年售電費}}$$

$$\text{資本還原因子}=\frac{\text{平均資金成本率}\times(1+\text{平均資金成本率})^{\text{躉購期間}}}{(1+\text{平均資金成本率})^{\text{躉購期間}}-1}$$

$$\text{年運轉維護費用}=\text{期初設置成本}\times\text{年運轉維護費占期初設置成本比例}$$

再生能源之獎勵補助措施如表 1-1 所示：

表 1-1　111 年度再生能源（太陽光電除外）發電設備電能躉購費率

<table>
<tr><th>再生能源類別</th><th>分類</th><th>裝置容量級距</th><th colspan="3">躉購費率（元／度）</th></tr>
<tr><td rowspan="6">風力</td><td rowspan="3">陸域</td><td>1 瓩以上不及 30 瓩</td><td colspan="3">7.4110</td></tr>
<tr><td rowspan="2">30 瓩以上</td><td colspan="2">有安裝或具備 LVRT 者</td><td>2.1223</td></tr>
<tr><td colspan="2">無安裝或具備 LVRT 者</td><td>2.0883</td></tr>
<tr><td rowspan="3">離岸[註 1]</td><td rowspan="3">1 瓩以上</td><td colspan="2">固定 20 年躉購費率</td><td>4.5024</td></tr>
<tr><td rowspan="2">階梯式躉購費率[註 2]</td><td>前 10 年</td><td>5.1356</td></tr>
<tr><td>後 10 年</td><td>3.4001</td></tr>
<tr><td rowspan="2">生質能</td><td>無厭氧消化設備</td><td>1 瓩以上</td><td colspan="3">2.8066</td></tr>
<tr><td>有厭氧消化設備</td><td>1 瓩以上</td><td colspan="3">5.1842</td></tr>
<tr><td rowspan="2">廢棄物</td><td>一般及一般事業廢棄物</td><td>1 瓩以上</td><td colspan="3">3.9482</td></tr>
<tr><td>農業廢棄物</td><td>1 瓩以上</td><td colspan="3">5.1407</td></tr>
</table>

表 1-1　111 年度再生能源（太陽光電除外）發電設備電能躉購費率（續）

<table>
<tr><th>再生能源類別</th><th>分類</th><th>裝置容量級距</th><th colspan="3">躉購費率（元／度）</th></tr>
<tr><td rowspan="2">小水力發電</td><td rowspan="2">無區分</td><td>1 瓩以上不及 2,000 瓩</td><td colspan="3">4.1539</td></tr>
<tr><td>2,000 瓩以上不及 20,000 瓩</td><td colspan="3">2.8599</td></tr>
<tr><td rowspan="6">地熱能</td><td rowspan="6">無區分</td><td rowspan="3">1 瓩以上不及 2,000 瓩</td><td colspan="2">固定 20 年躉購費率</td><td>5.7736</td></tr>
<tr><td rowspan="2">階梯式躉購費率</td><td>前 10 年</td><td>7.0731</td></tr>
<tr><td>後 10 年</td><td>3.6012</td></tr>
<tr><td rowspan="3">2,000 瓩以上</td><td colspan="2">固定 20 年躉購費率</td><td>5.1956</td></tr>
<tr><td rowspan="2">階梯式躉購費率</td><td>前 10 年</td><td>6.1710</td></tr>
<tr><td>後 10 年</td><td>3.5685</td></tr>
<tr><td>海洋能</td><td>無區分</td><td>1 瓩以上</td><td colspan="3">7.3200</td></tr>
<tr><td colspan="6">註 1：離岸風力發電設備適用本表之躉購費率者，於躉購期間當年度發電設備實際發電量每瓩 4,200 度以上且不及每瓩 4,500 度之再生能源電能，依固定 20 年躉購費率之 75%躉購，躉購費率為 3.3768 元／度；躉購期間當年度發電設備實際發電量每瓩 4,500 度以上之再生能源電能，依固定 20 年躉購費率之 50%躉購，躉購費率為 2.2512 元／度。
註 2：固定 20 年躉購費率與階梯式躉購費率係擇一適用，擇定適用之後不得變更。倘終止契約改依電業法直供或轉供者，須依已躉購期間實際發電量計算並返還固定 20 年躉購費率與階梯式躉購費率之電能躉購成本差額。
註 3：111 年度起依電業法提撥電力開發協助金之再生能源發電設備，其躉購費率加計「發電設施與輸變電設施電力開發協助金提撥比例」規定之提撥費率。
註 4：再生能源發電設備利用符合「農業廢棄物共同清除處理機構管理辦法」定義之農業廢棄物為料源，或利用經農業主管機關或環保主管機關認定之行道路樹、木棧板等木質廢棄物為料源者，得適用農業廢棄物之躉購費率。
註 5：經濟部得視再生能源發電技術進步、成本變動、目標達成及相關因素，或視實務需求及情勢變遷之必要，召開審定會檢討或修訂之。</td></tr>
</table>

資料來源：經濟部能源局

111 年度太陽光電發電設備電能躉購費率，如表 1-2 所示：

表 1-2　111 年度太陽光電發電設備電能躉購費率

<table>
<tr><th>再生能源類別</th><th>分類</th><th colspan="2">裝置容量級距</th><th>第一期上限費率(元／度)</th><th>第二期上限費率(元／度)</th><th>模組回收費(元／度)</th></tr>
<tr><td rowspan="7">太陽光電</td><td rowspan="5">屋頂型</td><td colspan="2">1 瓩以上不及 20 瓩</td><td>5.8952</td><td>5.7848</td><td rowspan="7">0.656</td></tr>
<tr><td rowspan="2">20 瓩以上不及 100 瓩</td><td>無繳納併網工程費</td><td>4.5549</td><td>4.4538</td></tr>
<tr><td>有繳納併網工程費</td><td>4.4861</td><td>4.3864</td></tr>
<tr><td colspan="2">100 瓩以上不及 500 瓩</td><td>4.0970</td><td>3.9666</td></tr>
<tr><td colspan="2">500 瓩以上</td><td>4.1122</td><td>3.9727</td></tr>
<tr><td>地面型</td><td colspan="2">1 瓩以上</td><td>4.0031</td><td>3.8680</td></tr>
<tr><td>水面型（浮力式）</td><td colspan="2">1 瓩以上</td><td>4.3960</td><td>4.2612</td></tr>
<tr><td colspan="7">註 1：111 年度起依電業法提撥電力開發協助金之再生能源發電設備，其躉購費率加計「發電設施與輸變電設施電力開發協助金提撥比例」規定之提撥費率。
註 2：經濟部得視再生能源發電技術進步、成本變動、目標達成及相關因素，或視實務需求及情勢變遷之必要，召開審定會檢討或修訂之。</td></tr>
</table>

資料來源：經濟部能源局

（一）太陽能

國內在太陽能應用領域上分為太陽熱能與太陽能發電，臺灣在太陽能熱水器已有完整的產業體系，自製比例極高，在產業發展整體策略上，用以降低製造成本，提升業者相關的技術能力及協助生產自動化等方式著手。2008 年底太陽能熱水器面積接近 140 萬平方公尺，在全球名列第 10 位，相當於每年可節省約 7 萬噸之家用瓦斯，若從單位土地面積計算出安裝的面積，居全球第三。

經濟部能源局為促進光電系統設置，推動「陽光屋頂百萬座」計畫，其後國內太陽光電系統設置量顯著增加，103 年設置目標量已從 175MW 提高至 210MW，並規劃於民國 119 年累計設置容量達到 6,200MW。能源局藉由產品登錄制度建立合格模組產品名單，提高民間設置者信心，擴展國內太陽光電普及化設置。

以下為太陽光電效益試算式：

$$\text{年發電量（度）}=\text{設置容量 } kW_P \times \text{民國 99 年各縣市日平均發電度數} \times 365$$

$$\text{減少 } CO_2 \text{ 排放量(Kg)}=\text{年發電量} \times 0.612$$

$$\text{減少 } NO_x \text{ 、 } SO_x \text{ 排放量(Kg)}=\text{年發電量} \times (0.02574+0.0073)$$

$$\text{（ } NO_x + SO_x + PM_{10} \text{ 排放係數）}$$

（二）風力發電

經濟部能源局於 2000 年 3 月公布「風力發電示範系統設置補助辦法」，獎勵民間投資設置風電示範系統，包括臺塑雲林麥寮 4 臺 660kW 風機、臺電澎湖中屯 4 臺 600kW 風機及天隆竹北紙廠 2 臺 1.75MW 風機，總裝置容量為 8.54MW，已初步達成推廣成果且帶動國內風力發電應用之風潮。由於澎湖風力資源甚佳，發電效益超出預期，臺電已在同一廠址另增設 4 臺 600kW 風機，於 2004 年底併聯商轉，並且架設海底電纜，屆時才能確保風力發電之穩定。根據經濟部能源局估計，澎湖陸上裝置風機約有 210MW 的潛力。

臺電公司以未來 10 年內至少設置 200 臺風力發電機或總裝置容量 300MW 以上為目標，並規劃後續有關離岸風力之計畫研究。

臺灣四面環海，風能資源豐富，地理位置良好，特別是西部沿海與澎湖地區，由於處在中央山脈與福建武夷山脈間之地形效應，冬季東北季風與夏季西南季風特別旺盛，提供發展風力發電之有利條件。

2012 年 12 月底，我國陸域完工建置共 28 座風場，總計 314 部機組，累計總裝置容量為 621.05MW，截至 2014 年年底，已有 323 部風力發電機組，供應高達 642.26MW 的電力。這顯示了政府為促使臺灣朝向低碳國家所推動的相關措施，已經逐漸展現成效。

我國風能資源豐富，尤以離岸風電具有開發價值，為達成能源多元化及自主供應，打造綠能低碳環境，經濟部規劃「風力發電四年推動計畫」，將以「短期達標、中長期治本」策略，營造我國風電友善發展環境，預計 109 年陸域裝設容量 814MW，離岸 520MW。中長程規劃於 114 年達成陸域 1.2GW、離岸 3GW 設置量。年發電可達 140 億度，年減碳量約 710 萬噸。

（三）生質能與廢棄物能

生質能是利用生質物(Biomass)，經轉換所獲得的電與熱等可用的能源，是一種兼顧環保並可永續經營的能量來源。其種類有生質柴油、生質酒精、沼氣與氫氣等。

凡是有機的物質皆可為生質物，該物質所產生的能源，稱為生質能，例如木材、稻草、纖維植物等；而垃圾燃料所產生的能源稱為廢棄物能。

生質物是一種有機物質，藉由光合作用下的產物，包括：木材、農作物、動物排泄物等。生質能源的生質物來源包含五種，說明如下：

1. 農作物廢棄物：稻草、稻殼、甘蔗等。
2. 林業與木材廢棄物：木材與木屑等。
3. 固體廢棄物：垃圾直接燃燒或掩埋。
4. 畜牧業廢棄物：動物排泄物。
5. 能源作物：以油菜轉化為生質柴油，甘蔗、甜菜、玉米等轉化為生質酒精。

另外，生質柴油的成分不含硫，重量的 11%為氧，是一種低汙染的燃料，其燃燒廢氣不含鉛、二氧化碳、鹵化物，而且能夠大幅度降低影響空氣品質的排放物。將生質能應用方式分成固態燃料（固態衍生燃料，RDF）、氣態燃料（沼氣）與液態燃料（生質柴油、生質酒精）。

（四）其他再生能源

例如：「慣常水力發電」，2004 年底其發電容量 1,907MW（不含 2,600MW 抽蓄水力發電）。另外，「地熱發電」方面，有於 1981 年興建完成之 3MW 宜蘭清水地熱電廠與 1986 年併聯臺電系統運轉之宜蘭土場 300kW 地熱電廠。

由於臺灣地區四面環海，海洋能源之蘊藏十分可觀，臺電公司依據相關環境條件，分別選擇東北海岸區域發展「波浪發電」、臺灣東部海岸發展「海洋溫差發電」。

（五）建設澎湖縣為臺灣第一個示範低碳島

政府為了有效促進低碳社會型態的轉變，規劃建造澎湖縣為臺灣第一個再生能源生活圈的示範低碳島，推動時程 5 年（民國 100～104 年）。經濟部大力推動八大面向： 1.再生能源、2.節約能源、3.綠色運輸、4.低碳建築、5.環境綠化、6.資源循環、7.低碳生活、8.低碳教育，將澎湖從過去每人平均 CO_2 排放由 5.4 噸／人－年降為 2.1 噸／人－年。

澎湖低碳島規劃內容如下：

1. 再生能源

(1) 大型風力新設置 96MW。

(2) 太陽光電指標建築 1.5MW。

(3) 太陽能熱水器 6,400m^2。

2. 低碳生活

(1) 智慧電錶 2,106 戶。

(2) LED 路燈 4,000 盞。

(3) 節能家電 14,000 臺。

3. 環境綠化

擴大綠地面積 200 公頃。

4. 低碳建築

新建公共建築物／民間重大投資案取得綠建築標章 100%。

5. 綠色運輸

(1) 電動機車 6,000 輛。

(2) 全島 B_2 生質柴油。

(3) 電動車示範。

(4) 建置自行車路網

6. 資源循環

(1) 漏水率由 32%降至 25%。

(2) 減少自來水供應 2,070 噸／天。

(3) 垃圾零廢棄。

7. 低碳生活

(1) 社會低碳教育宣導。

(2) 促進民眾參與。

(3) 節能管理與碳標示。

(4) 低碳社區。

(5) 低碳示範島。

8. 低碳教育：推廣學校低碳教育。

截至 105 年澎湖的低碳島專案計畫在再生能源方面達成：

(1) 建置太陽光電設施，總容量 1.56MW。

(2) 智慧電表 2,106 戶。

(3) LED 路燈 5,309 盞。

(4) 節能家電 17,278 臺。

(5) 電動機車 4,100 輛。

(6) 設置充電柱 612 座。

(7) 鋪設全島自行車路網 137 公里。

(8) 造林面積共 206 公頃。

(9) 漏水率由 32%降至 25%。

106 年「澎湖綠能觀光示範島整體規劃」，希望未來澎湖電力 100%使用再生能源；107 年，全臺首座離島大型微電網在澎湖七美正式啟動，未來除了運用再生能源降低發電成本，更可以人工智慧統整調控電力供需，並達到最佳節能的電力管理。未來政府於 2025 年，規劃投入 450 億元，將澎湖打造成國際、綠能、智慧、觀光、醫療島嶼。

二、外國再生能源發展策略

丹麥、德國、印度、日本、西班牙及美國等六個國家在風力發電及太陽光電之總裝置容量即占了全球 80%；歐盟委員會設定之目標係在 2010 年將再生能源所占之比例提高至初級能源供應量之 12%，並使再生能源發電所占之比例達到 22.1%。

丹麥已經做到經濟發展與能源使用脫鉤的方式執行，丹麥將在 2050 年前，全面停止使用化石燃料，截至 2022 年，丹麥已經有 52%的電力由風力發電供應。

英國亦將於 2050 年把溫室氣體排放量降低 60%；德國的目標則是於 2050 年降低 80%之溫室氣體排放量。

經濟成長所導致之環境資源耗竭，應視為「資產」之減少，而非「所得」增加。因此我們對追求經濟最終目標，不應僅追求高國民所得，亦應注重環境品質的良窳。然而，若希望經濟與環境能兼顧，就必須使用潔淨能源，並促進能源使用效率的提升。

德國於 1980 年即著手規劃能源轉型，希望藉由再生能源發展，減少對煤炭、石油、天然氣及核電依賴。經由多年來的用心規劃，德國已成為世界頂尖再生能源發展國家，德國風機裝置容量位居世界第三位，僅次於中國大陸及美國；太陽能裝置容量亦高居世界第三位，僅次於中國大陸和日本，德國能有如此亮眼轉型成就，再生能源法是功不可沒的重要因素之一。

1-3 能源之種類與能源之形態轉換

一、能源種類

（一）化石能源

1. 煤

(1) 由於儲量豐富，主要用途為火力發電之主要燃料與家庭燃料。

(2) 相較之下所製造之空氣汙染最為嚴重，改善之道為煤炭氣化，以及高效率燃燒技術。例如，目前臺灣火力發電廠，裝置新機皆採用「超臨界發電」，可提高發電效率，降低煤使用量。

2. 石油

在用途上多為運輸工具以及火力發電所利用。

3. 天然氣

使用於複循環發電、家庭燃料與加入重整器製氫，以提供燃料電池發電。

（二）再生能源

1. 太陽能

(1) 主要用於太陽光電系統發電，部分用於加熱。

(2) 易受日照時間與氣候影響。

(3) 供電不穩定且不易儲存電能。

(4) 發電成品與化石能源相較下較為昂貴。

(5) 由於京都議定書中協議降低 CO_2 排放，因此再生能源興起，太陽能的發展與使用規模亦逐漸擴大。太陽能發電系統如圖 1-1 所示。

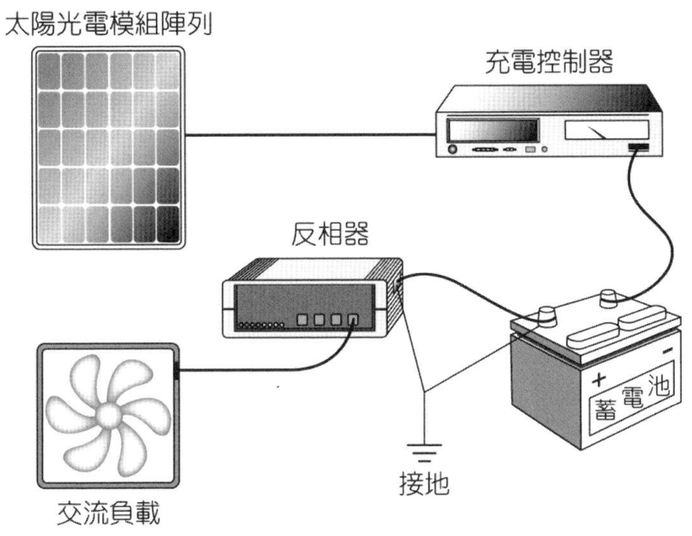

圖 1-1　太陽能發電系統

2. 風能

(1) 主要用於發電，葉片起動風速為 3～4 m/s。

(2) 供電不穩定且不易儲存電能。

(3) 風能擷取係利用風車葉片將風之動能轉變為傳動軸的機械能，傳動軸帶動發電機，機械能轉變為電能輸電，一般風能與風速三次方及葉輪面積成正比。

圖 1-2　風力機外型

(4) 風力機可分為水平軸式、垂直軸式。

(5) 風車尺寸與發電量均穩定成長，於 2018 年全球的風力發電容量可達 600GW 以上。其風力機外型如圖 1-2 所示。

3. 水力

水力一般分為川流式與抽蓄式兩種。其特性分別敘述如下：

(1) 川流式

利用水位落差或大流量發電，建築儲水壩，藉由水位落差（位能或大流量動能）使其推動水渦輪機轉動，而帶動發電機發電。

(2) 抽蓄式

採用離峰剩餘電力將下池水抽至上池，於尖峰電力需求時段放水發電。儲存低電價之電能（離峰電價低）再轉成高電價之電能（尖峰電價高），稱為抽蓄水力發電。

目前水力發電占全世界 17%的發電量，且全世界擁有水力發電潛力之地區，目前只有三分之一已被開發。水力是潔淨能源，無溫室氣體或汙染物的排放。

臺灣地區水力之蘊藏量 1,200 萬瓩，技術可執行水力蘊藏量約 505 萬瓩，其中民國 95 年已開發 191 萬瓩，施工中則為 22 萬瓩，尚待開發之量有 292 萬瓩。

4. 海洋能源

海洋占地球表面積的70%，在人類尋求無汙染且永續的天然能源之際，海洋能源已成為能源開發研究的重要對象。以下說明各類型之海洋能源。

(1) 波浪發電

其是由太陽能轉換而成的，因為太陽輻射的不均勻加熱，加上地殼冷卻的速度不同，以及地球自轉而形成風，風吹過海面造成波浪。藉由波浪起伏造成水的運動，將此運動驅使工作流體流經原動機而發電，並可結合外海油田或天然氣平臺建造。

我國已規劃研發 20kW 波浪發電系統，澎湖海域深具開發潛力。2015 年進行海上發電展示，其波浪發電示意圖，如圖 1-3 所示。

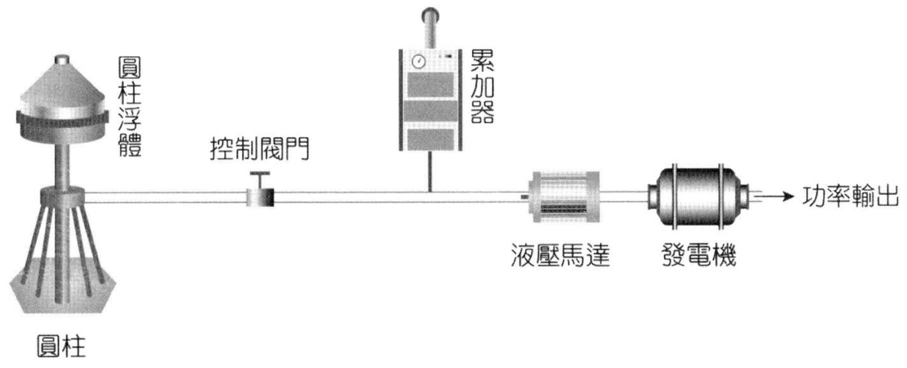

圖 1-3　波浪發電示意圖

(2) 潮汐發電

由於太陽、月亮作用於地球的萬有引力與地球自轉運動，使得海洋水位形成高低變化，這種高低周期性變化，稱之為潮汐。

由於海水漲退及潮水流動所產生的能量為潮汐能。一般潮差高度 6 公尺以上。潮汐發電就是利用漲潮與退潮來發電。其建造時程長、投資成本高、負載量低，所以就經濟層面而言可行性不高。世界著名潮汐發電為法國朗斯發電廠。

(3) 海水溫差發電

其是利用深海冷水（約 1～7°C）與表層的溫海水（約 15～28°C）之間的溫度差，經由熱傳轉換來發電。臺灣東部海域非常適合溫差發電。

(4) 海流發電

海流發電是利用海洋中海流的流動，推動水渦輪機發電，一般均在海流流經處設置截流涵洞的沉箱，並在其中設置一座水輪發電機。其具高能源密度、能量輸出容易預測、較不受極端氣候的影響，視覺景觀衝擊最小等優勢。日本在鹿兒島縣外海，測試洋流發電，最大發電量可達 30kW。

以上海洋能源至今未被大幅利用的原因主要有兩方面，一為經濟效益差、成本高。二為技術問題還沒有完全解決。

5. 生質能源

未來如果在一片綠油油的農作物旁，看到石油公司所屬的大型貨車，正一車車地將收割後的作物往煉油廠搬運時，請不要懷疑自己的眼睛，這些綠色植物正是我們汽、機車所賴以行駛的生化柴油的來源。生化柴油的原料來自植物，具有可再生的特色，由於所含雜質少，而且燃燒後所產生的微細固體顆粒量低，既可以降低空氣汙染，又能保護與延長內燃機的引擎壽命。

開發生質能源之優缺點如表 1-3：

表 1-3　開發生質能源之優缺點

優點部分	缺點部分
① 取得更多替代性能源。 ② 提供低硫燃料，降低空氣汙染。 ③ 廢棄物利用、減低環境公害。 ④ 刺激廢耕地轉作能源作物，增加土地利用價值。 ⑤ 提高農林漁牧業者多面向收益。	① 單位體積的能源密度（或稱熱量）偏低。 ② 生質物通常所含水分偏多(50～95%)，通常必須經過耗能乾化過程以轉換成有用的能量。 ③ 生質物常需要廣大土地面積栽種。

6. 地熱能

地熱發電乃是地表下之水源因吸收地熱而形成水蒸汽，聚集之則可推動渦輪機旋轉，而帶動發電機來發電。地熱由於係被蓄存於離地表相當深的地底的熱岩區，必須要具有先進的技術方能善加利用這些珍貴的熱源；當前全世界僅能針對部分地質適宜的地熱區域進行開發。在二十世紀 80 年代末期，全世界所有的地熱電廠總計發電機組容量約為 500 萬瓩，並於 1995 年達到 680 萬瓩，現在地熱發現的總容量已超過 1,100 萬瓩。臺灣主要地熱區域有 26 處，地熱能之利用通常包括：發電、工業利用、農業利用與其他利用等。而依據儲集層體積排序前五名分別是大屯山區、清水、金侖、廬山與土場。某儲集層所顯示平均溫度分別是 245°C、200°C、160°C、180°C 及 170°C。

1-4 熱與能量

一、熱

熱(Heat)定義為，由於溫度差所造成兩個系統間之傳遞能量，只有在溫度上有差異而發生的能量交換才是熱。因此，兩者皆在相同溫度的系統間不會有任何熱傳遞。然而，熱力學可予以定義為能量科學，包含所有能量與能量之轉換。相關名詞說明如下：

(一) 比熱(specific heat)

將某單位質量物質升高（或降低）溫度一度，所需供應總（或帶走）之熱量，稱之為該物質之比熱。假設加至質量為 M 物體上之熱量為 dQ，致使該物體上升 dt 之溫度，則此物體的比熱為 S，則熱量之公式為：

$$dQ = MSdt$$

因此　$Q = MS\int_{t_1}^{t_2} dt = MS(t_2 - t_1)$（$S$ 為常數）

（Q：加入物體之全部熱量，M：被加熱物體之質量，S：物質的比熱（單位：焦耳／公斤・度＝J/Kg・°C），t_1：初溫度，t_2：末溫度。）

（二）定容比熱

將熱源加至某種可以壓縮之流體，加熱過程進行的前後，其體積保持不變，如圖 1-4 所示，此時全部加入之熱能皆轉變成流體之內能，稱此加熱過程為定容加熱過程。

在此加熱過程中，如果測試物體溫度上升 1°K，其單位質量（1Kg 或 1g）所需要之熱量即稱為該物體之定容比熱，以 C_V 表示。

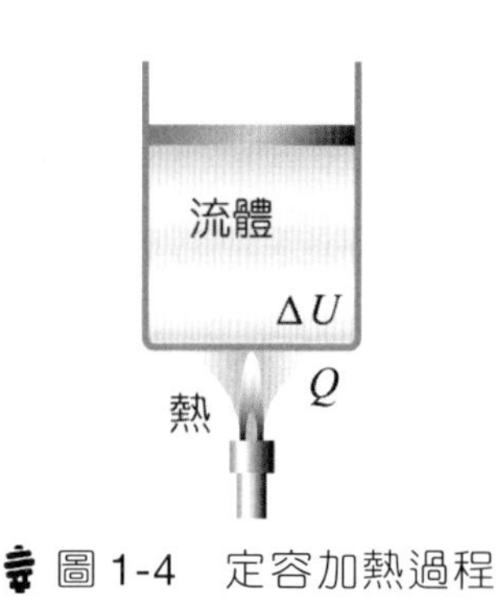

圖 1-4　定容加熱過程

（三）定壓比熱

將熱源加至某種流體上，流體之體積隨溫度上升而以固定壓力方式膨脹，此種加熱過程，稱之為定壓加熱過程，如圖 1-5 所示。在定壓加熱過程中，如果測試物體溫度升高1°K，其單位質量所需之熱量即稱為物體之定熱比熱，以 C_P 表示之。

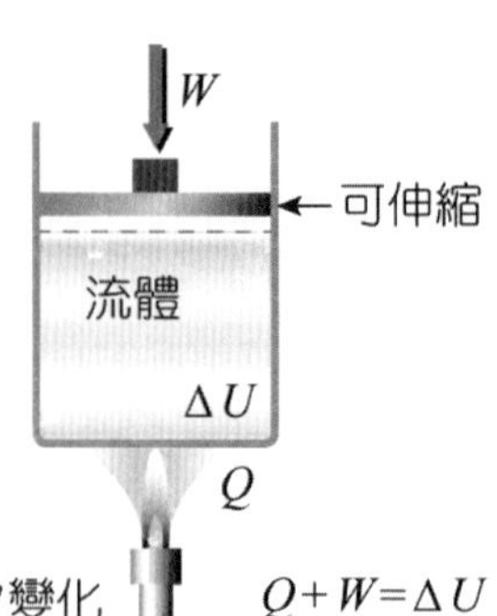

圖 1-5　定壓加熱過程

（四）焓(Enthalpy)

焓是一種熱力學函數，這個名詞由荷蘭物理學家開默林・昂內斯(Heike Kamerlingh Onnes)提出，它來自希臘文，含義是「加熱」。對任何系統而言，焓可用以下方程式定義之：

$$H = U + PV$$

（H：焓，U：系統之內能，P：系統之壓力，V：系統之體積。）

系統的內儲能量，包括系統的位能、動能、內能、磁能、電能和表面能等。而系統的內能，主要包括系統內物質的分子間位能、分子動能和分子內部能量三類。分子間位能取決於分子間引力或推斥力的大小，和分子間距離；分子動能是以分子的移動能量為主；至於分子內部能量，包含如分子的轉動能、振動能、電子能、核能和化學能等。

舉個例子，瓦斯爐火經由燃燒產生化學反應，將瓦斯燃料形成焓轉換成燃燒熱而釋放出來。火力發電之基本原理，係藉著燃燒燃料（煤炭、石油或是天然瓦斯）所釋放出來的燃燒熱，來加熱鍋爐中的水，使其形成高壓高溫的水蒸汽，進而推動蒸汽鍋輪機的葉片旋轉，再帶動發電機切割磁場而產生電力，這裡面水是火力發電廠的工作介質，它經由鍋爐吸熱而提升焓差而變成高壓高溫水蒸汽，然後推動鍋輪機作功發電，當焓差下後形成低壓低溫飽和蒸汽，接著經由冷凝器冷卻成為低壓冷水，再由幫浦加壓後打回至鍋爐，如此循環不已。

（五）熵(Entropy)

熵的定義為某物質在一定溫度下所得之熱量，除以絕對溫度所得之值。

$$\Delta S = \frac{\Delta Q}{T_m}$$

（ΔS：熵之變化量，T_m：平均絕對溫度，ΔQ：熱量。）

熵為熱力學極其重要之概念，最初由克勞修斯(Clausius)引進。後來波茲曼(Ludwig Boltzann)於 1866 年發表有關氣動力學研究的開創性理論，結合系統呈現出單一熱能儲存器之交換熱，而循環中有功之產生或消耗。

二、能量

(一) 能量之轉換

能量泛指一切物件所作的功，主要產生的方式有物體運動（動能）、物體基於位置或組合方式所形成的能量（位能）。當一物體由外界作功，作功的過程也是將能量由一物體傳至另一物體的過程，因此功與能量的關係極為密切。例如：火力發電廠加入燃料於鍋爐中燃燒產生熱（熱能）再將高壓高溫氣體，由噴嘴噴出使氣渦輪機轉動（機械能），藉由同軸連接，使得發電機旋轉而產生電能。如圖 1-6 所示：

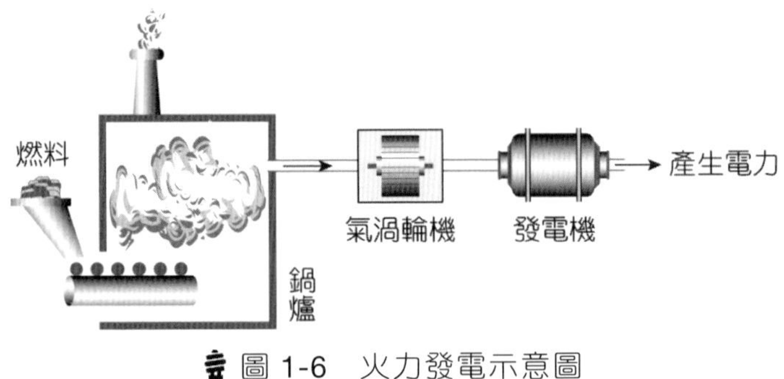

圖 1-6　火力發電示意圖

再舉個例子，一部汽車燃燒汽油使得引擎運轉，再驅動輪胎，使其行駛於道路上。其能量之轉換過程為：化學能→機械能→動能。如圖 1-7 所示。

至於力作用於物體上使其移動某段距離，我們稱為作功。$W = F \cdot S$（功是純量數量(Scalar quantity)，單位：焦耳）。如圖 1-8 所示。

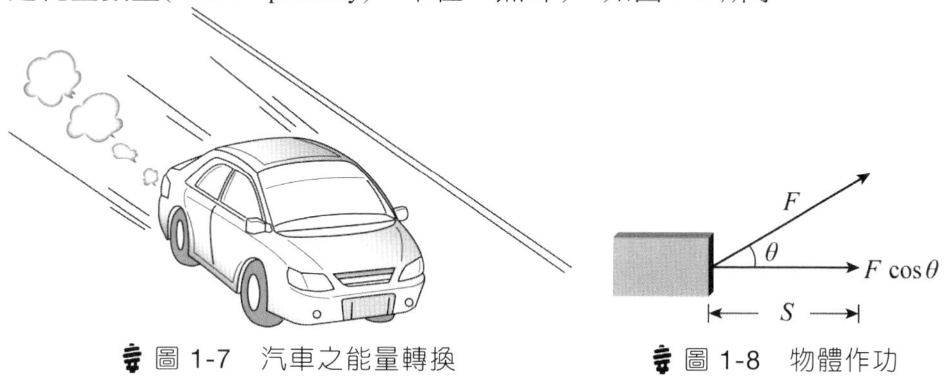

圖 1-7　汽車之能量轉換　　圖 1-8　物體作功

另外談及功率(Power)被定義為每單位時間 t（秒）所作的功或消耗能量 W 的速率。

$$dQ = MSdt$$

功率的單位為瓦特(Watt)，1W（瓦特）＝1J（焦耳）／s（秒），1 度電＝1kWH（1 仟瓦小時），英制功率單位為馬力(Horse power)，1hP＝746W（瓦特），至於英制熱單位為 Btu，1Btu＝1.055 焦耳＝252 卡。

（二）能量之形態

能量具有多種形式，且彼此間可以互相轉換，其形式包括了動能、位能、熱能、電能、化學能及電磁輻等。能量之形態說明如下：

1. 動能(Kinetic energy)

當有一物體質量為m，以速度V作直線運動，其所蘊含的動能為：

$$KE = mV^2$$

（KE：動能（焦耳）(Joules)，V：速度(m/s)。）

2. 位能(Potential energy)

其數值大小與物質於力場中的位置有關。如水力發電即是利用高處水壩的水往下流時，將位能轉換為動能，推動水渦輪機葉片旋轉，而帶動發電機來發電。

3. 熱能(Heat energy)

熱之定義為，由於溫度差所造成的兩個系統間之傳遞能量，每當只有因為溫度差而發生的能量交換才是熱。對於熱傳入系統經常視為加熱(Heat addition)，熱由系統傳出來則稱為放熱(Heat rejection)。

熱為能量傳遞，如果在加熱過程中沒有熱傳遞稱為絕熱過程(Adiabatic process)。因此熱能之量化指標為溫度(Temperature)。

4. 電能(Electric energy)

不管是火力、核能、水力等發電系統，皆是推動發電機旋轉而產生電力；至於綠色能源部分，風力發電是藉由風推動發電機之扇葉旋轉產生電能；太陽能是利用光電板吸收太陽光，由光能轉換為電能。電能之單位為仟瓦小時，其公式如下：

$$
\begin{aligned}
W &= P \cdot t \\
&= IV \cdot t \\
&= \frac{V^2}{R} \cdot t \\
&= I^2Rt
\end{aligned}
$$

（W：電能，P：功率，t：時間，R：電阻，I：電流。）

5. 化學能(Chemical energy)

首先對化學能之定義說明，它是內能的一種，需藉由化學反應釋放出能量。化學反應與能量關係如下所述：

(1) 能量不滅定律：由於能量的形式可以互相轉換，其總量是維持一定的。

(2) 化學變化常隨能量變化，所反應熱學是以熱能、光能、電能等形式出現。

(3) 熱含量或稱為焓(Enthalpy)，其有以下關聯性：

① 焓與溫度、壓力及周邊狀態有關係，且僅能夠測量變化值（即△H），而非絕對值。

② 處在恆定溫度與壓力下，物質生成時所儲存於其中的能量總和稱為焓或熱含量。

③ 物質之焓隨溫度上升，其值通常變大，故測量焓變化值，須在(25°C, 1atm)環境測試。

④ 反應熱(△H)=（生成物熱含量之總和）－（反應物熱含量總和）。△H＞0，表示吸熱反應；△H＜0，表示放熱反應。

傳統能源石油，它是幾百萬年前的有機物，深埋在高溫高壓的地層下，經由分解和化學反應生成。主要成分是烷類，一般原油可利用混合物沸點高低不同分餾出石油醚、石油氣、汽油、煤油、柴油、瀝青等。至於液化石油氣(<PG)是石油分餾的產物，主要成分是丙烷(C_3H_8)和丁烷(C_4H_{10})。另外天然氣為低分子量的烷類混合物，主要成分為甲烷(CH_4)、乙烷(C_2H_6)，作為燃燒時的燃料。而汽油是在煉油過程中分餾產物中最重要的物質，主要成分為己烷(C_6H_{14})、庚烷(C_7H_{16})和辛烷(C_8H_{18})。

目前燃油汽車爆震現象(knocking)為內燃機燃燒時，汽油與空氣的混合物被壓縮後，藉由火星塞點火燃燒，對活塞產生作用力，其受力不均勻產生震動，使得內燃機發生爆震。可以辛烷值(Octane Number)表示汽油抗震程度的指標，辛烷值越高，其抗震程度越佳。

最後談到化學電池，它是一種可以將化學能轉換成電能的裝置。一般可分為以下三種：

(1) 非充電式電池：如乾電池、鹼性電池。
(2) 充電式電池：如鎳—鎘電池、鎳—氫電池，以及鋰電池。
(3) 燃料電池：此為一臺由化學能直接轉換為電能之高級發電機，其燃料主要為氫與氧，生成物為水，是一種低汙染的能源。

某種物質經歷化學反應即會產生能量，稱之為化學能。例如蓄電池是利用化學能轉變成電能，垃圾及石化燃料在燃燒後由化學能轉換為熱能等。

6. 電磁輻射(Electromagnetic radiation)

太陽光線照射至地球及其他星球稱為電磁輻射能量的傳遞。由於電磁輻射是一種波動的能量，是藉由空間或介質傳遞其能量。電磁輻射依據頻率一般區分為無線電波、微波、紅外光、可見光、紫外光、X 射線以及γ射線等形式，各個波段皆具有能量。因此電磁輻射之特性是振盪且互相垂直的電場與磁場的結合，在空間中以波的形式移動，有效的傳遞能量和動量。電磁輻射首先由馬克士威(Maxwell)方程組所預測，後來由德國物理學家赫茲(Hertz)發現。

1-5 熱力學第一定理

ECO FRIENDLY TECHNOLOGY

熱力系統是以水做為工作物質(Working substance)，其中鍋爐是提供燃料燃燒產生熱源之處所，原理為將水加熱至高溫高壓之水蒸汽，由噴嘴噴出於渦輪機使其轉動，連動發電機產生電能。如圖 1-9 所示。

上述談及熱力學基本的定義與概念後，現在來探討熱力學第一定理，這個定律亦稱為能量守恆定律，此說明一系統自指定狀態進行一連串的絕熱過程（不傳遞熱至其他處所），表示一過程中系統總能源的改變量是等於過程中進入系統之總能量與離開系統之總能量間的差。以下列公式表示之：

$$Q_{in} - Q_{out} = \Delta Q_{system}$$

（Q_{in}：進入系統的總能量，Q_{out}：離開系統的總能量，ΔQ_{system}：系統總能量的改變量。）

此公式可視為能量平衡(Energy Balance)。

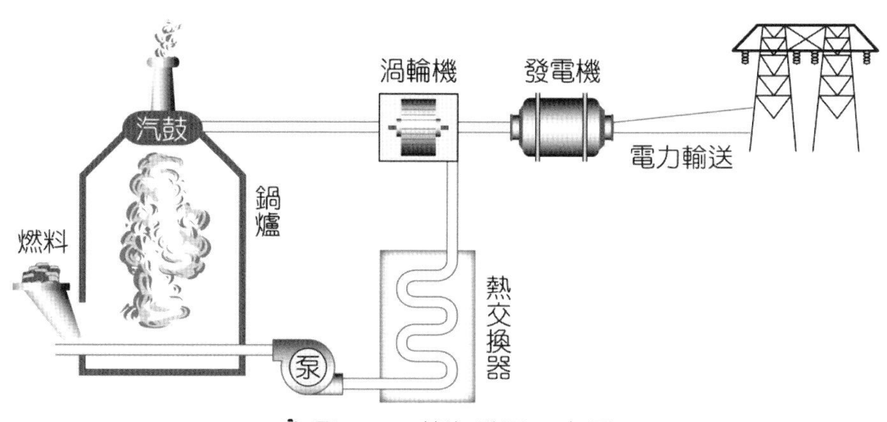

圖 1-9　蒸汽發電示意圖

1-6 熱力學第二定理

解釋熱力學第二定理有兩種典型說明：一個是克耳文－普朗克(Kelvin-Planck)，另一個是克勞修斯(Clausius)。

克耳文－普朗克敘述與熱機有十分密切的關聯，它談到不可能建造一種操作於循環中的裝置，如圖 1-10 所示之蒸汽發電圖可視為熱機。在此熱機循環系統中，當存有兩種溫度，且熱由高溫處傳至熱機，再由熱機傳至低溫處時，才能夠運用熱傳遞來作功，這顯示熱效率低於 100%。如圖 1-9 所示。

另外是克勞修斯談論到之熱力學第二定律，此敘述與冷凍機或熱泵相關，不可能建造出一個熱可由低溫處傳至高溫處的機器，這也說明了不可能製造出不需使用輸入功就可以運轉之冷凍機。如圖 1-11 所示。

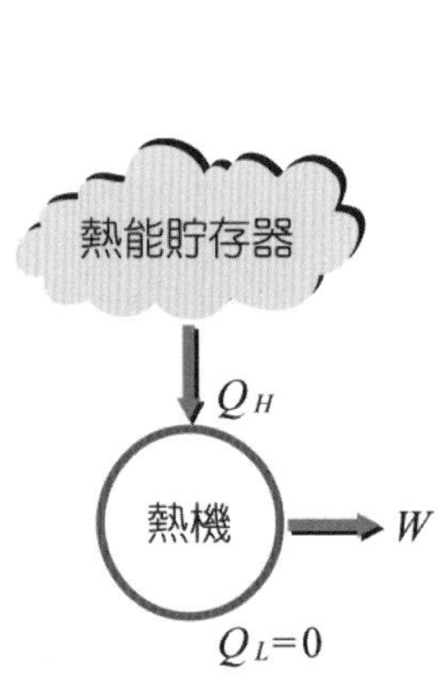

圖 1-10　克耳文－普朗克之熱機

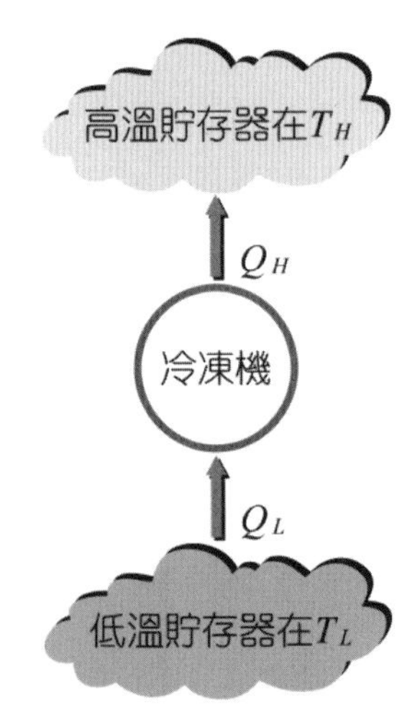

圖 1-11　克勞修斯之冷凍機

一般冷凍機(Refrigerator)是從低溫媒介物傳熱量至高溫媒介物。使用於冷凍循環工作之流體稱為冷媒(Refrigerant)，最經常使用的冷凍循環稱為汽體壓縮式冷凍循環，具備四項主要元件，分別為壓縮機、冷凝器、膨脹閥以及蒸發器，如圖 1-12 所示。

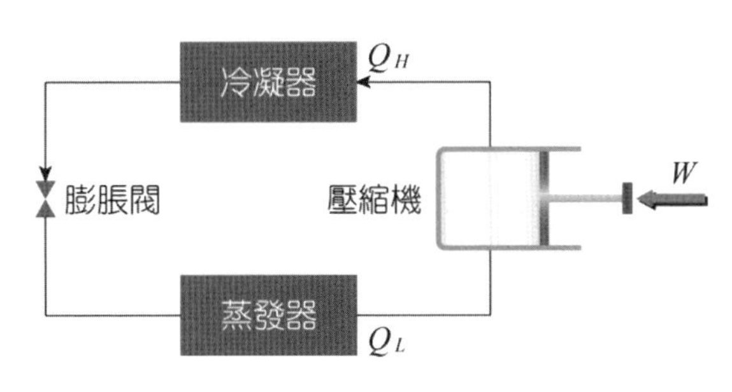

圖 1-12　冷凍機之基本元件

基本上冷凍機即為空調機，在美國以能源效率評比(Energy Efficiency Rating, EER)表示，且定出 1kWh（仟瓦小時）= 3,412 Btu，而冷凍機效率一般以性能係數(Coefficient of Performance, COP)表示，亦可用以下公式說明之：

$$COP = \frac{\text{希望的輸出}}{\text{需要的輸入}} = \frac{Q_L}{W_{net,in}} = \frac{Q_L}{Q_H - Q_L} = \frac{1}{Q_H / Q_L - 1}$$

其中　$W_{net,in} = Q_H - Q_L$

熱力學第二定律其效率小於 100%，於是法國工程師卡諾(Carnot)在 1824 年進一步發表熱力學第二定理之相關理論基礎。

談及卡諾循環為可逆，如圖 1-13 所示，蒸汽發電過程，若以卡諾循環運作，其熱是由高溫處傳達至鍋爐的水，此為可逆傳遞過程，此時熱源溫度固定不變，因此水的溫度也必須維持在定值，因此卡諾循環中的第一過程為等溫可逆過程，在等壓下純物質由液體狀態變為氣體狀態。

發生在渦輪機內的下一個過程沒有熱傳遞，因此為絕熱過程，此絕熱過程亦為可逆過程。接著的運作過程是工作流體將熱傳至低溫熱源，此為等溫可逆過程，在這個等溫過程中，有些蒸汽會凝結成液體。循環中之最後一個過程是絕熱可逆過程，其中工作流體的溫度由低溫熱源的溫度上升至高溫熱源的溫度。

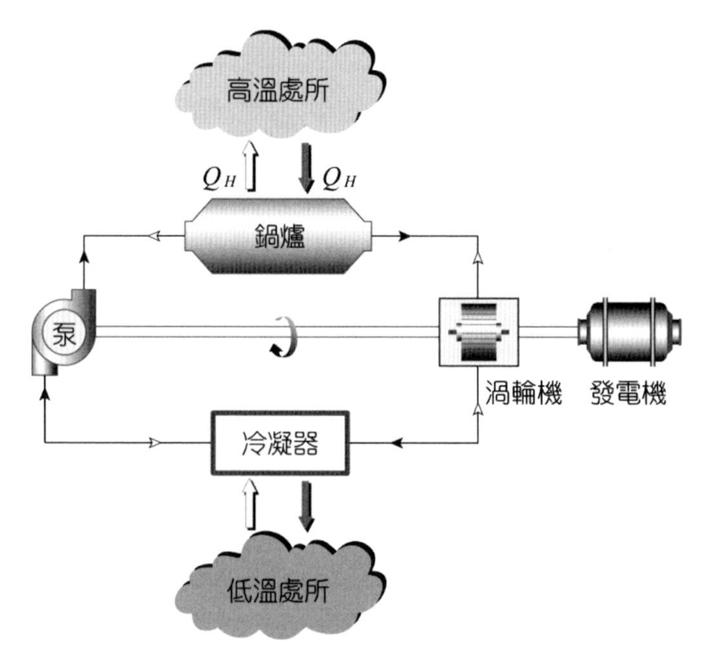

圖 1-13　卡諾循環之蒸汽發電過程

因此，卡諾循環始終具有四個基本過程，這些過程為：

1. 可逆等溫加熱過程。
2. 可逆絕熱膨脹過程。
3. 可逆等溫排熱過程。
4. 可逆絕熱壓縮過程。

卡諾循環之熱效率：

$$\eta_C = \frac{T_1 - T_2}{T_1} = 1 - \frac{T_2}{T_1}$$

T_1 、 T_2 表示運作過程之絕對溫度。如圖 1-14 所示為理想之卡諾循環圖。

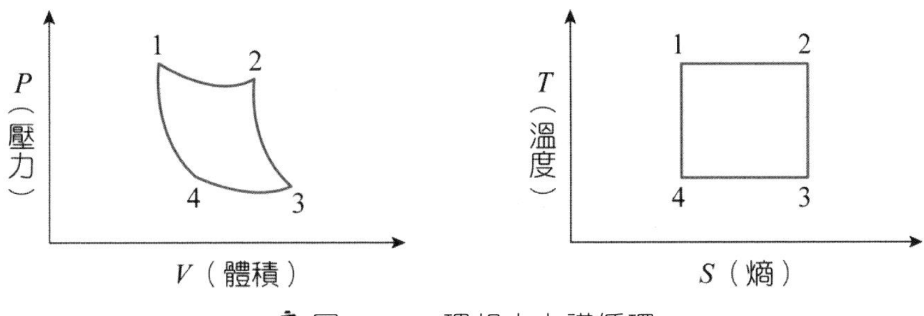

圖 1-14　理想之卡諾循環

若熱機加熱過程並非在等溫情形下進行，則採用朗肯循環(Rankine cycle)，此循環亦為可逆反應。如圖 1-15 所示為朗肯循環圖，蒸汽動力循環多採用之。

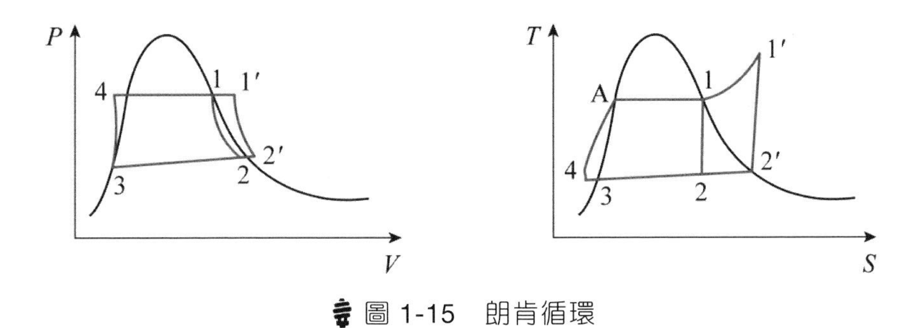

圖 1-15　朗肯循環

1-7 能源科技現況與未來發展

ECO FRIENDLY TECHNOLOGY

一、能源科技定義

能源係指一切能夠提供動力者，其主要來源為天然能源礦之使用（如煤礦、石化燃料、鈾礦等）、再生能源（如水力、太陽能、風力等）以及製程中之附產能源（如汽電共生）。至於科技定義是一種人們運用知識、創意和資源，以解決實務問題和改善生活環境的實踐或行動。

因此，能源科技是將會做功的動力，使其系統化，達成能源轉換和儲存兩項技術，其運作之過程包含動力的產生、傳輸、控制與輸出等四種，而形式則分為機械動力、流體動力及電力等三種。

二、國內能源供需狀況

具備充足的能源是經濟的成長與社會發展之必要條件，為了達成國家科技的進步與經濟的繁榮的需求，我國能源之供給亦逐年成長，2018 年國內能源消費量創下歷史新高，達到 8,683 萬公秉油當量，較 2017 年成長約 1.83%，高於過去五年（2012～2017 年）的年均成長率 0.91%；2021 年達到 8,936 萬公秉油當量。（經濟部能源局）。

由於石化能源近年之價格不斷攀升，而且專家預估四十年後，地底下蘊藏之石油即將枯乾。為了分擔能源供給風險與環保考量，政府推展「再生能源」與「能源多元化」政策之施行，乃使得我國能源組織趨向分散，且目前正朝向「開發潔淨能源，減少石化能源使用」之目標前進。

三、潔淨能源之使用以及效率之提升

1. 潔淨能源之開發利用

面對二十一世紀是一個減少碳排放與潔淨能源開發利用之時代，目前臺灣所推動之潔淨能源如太陽能、風力、生質能、燃料電池等，由於上述之能源不會帶來汙染問題，我國正投入大量的金錢與人力，研究發展新能源技術以及設備產品。預估直至 2020 年，我國潔淨能源之發電量將可達總發電量 11%以上，可以大幅降低二氧化碳年排放量 2,600 萬噸，有效的降低能源所帶來空氣汙染；同時可帶動國內再生能源投資累計約達新臺幣 3,120 億元，促進我國相關產業發展，並創造就業機會。

2. 能源效率提升

就目前「能源轉換效率」而言，大約只有 35%左右，若能將發電機組有效轉換發電效率為 42～50%以上的複循環式或是高效率之汽電共生發電，將可提高發電效率至 30～40%。尤其以汽電共生發電系統為例，它是同時產生電能和熱能，其熱效率可達 55%，比起火力和核能發電的 35%熱效率增加了近 5 成。汽電共生是利用原本就要排放之廢熱再進行利用，因此可減低溫室氣體之排放，達成環境保護之目的。

對於能源效率提升有具體的目標——未來 8 年每年提高「能源效率 2%以上」,「全國二氧化碳排放量,於 2020 年回到 2005 年排放量,於 2025 年回到 2000 年排放量」等，期望我國經濟成長與溫室氣體排放成長逐漸脫鉤，邁向低碳經濟與環境永續發展之社會。

EXERCISE

選擇題

(　)1. 下列何者非管制溫室氣體？　(1)H_2　(2)CO_2　(3)CH_4　(4)以上皆非。

(　)2. 下列敘述何者是能源的定義？　(1)萬有引力　(2)基因改造　(3)歐姆定理　(4)獲得熱、光和動力之類能量的資源。

(　)3. 再生能源的範疇不包括下列哪一種？　(1)太陽能　(2)風能　(3)火力發電　(4)地熱能。

(　)4. 以臺灣的地理環境，下列何處較不適合設置太陽能發電？　(1)臺南　(2)高雄　(3)屏東　(4)基隆。

(　)5. 未來能源科技發展潮流中，何者是藉由改變用電習慣而做到節能的目的？　(1)開發新能源　(2)減少使用電器　(3)能源管理技術　(4)增大供電限制。

(　)6. 風力發電其最大的缺點為何？　(1)風力易受地形與地理環境的限制　(2)器材十分昂貴　(3)會造成環境汙染　(4)以上皆非。

(　)7. 當燃燒材料後，進而產生機械動力的機器，稱為什麼？　(1)熱機　(2)動機　(3)械機　(4)力機。

(　)8. 下列何者是電能使用單位？　(1)KWH　(2)MF　(3)Ω　(4)以上皆是。

(　)9. 下列何者是《京都議定書》規範管制？　(1)減碳量　(2)減稅規範　(3)就業方案　(4)安定基金。

(　)10. 下列何種發電汙染最大？　(1)核能發電　(2)火力發電　(3)海洋發電　(4)太陽能發電。

EXERCISE

問題與討論

1. 試定義何謂能源？何謂科技？
2. 試說明能源與氣候環境之關係？
3. 《京都議定書》與能源發展之關聯性為何？
4. 目前我國所推展之再生能源之種類為何？
5. 試說明一座傳統火力發電廠（燃料為煤或石油），其能源之轉換形態有哪些？
6. 試述能源中太陽能發電之有效應用大自然能源，亦是潔淨能源的一種，在目前還有哪些方面值得去改善？
7. 在生活周遭有哪些裝置或設備，是由熱而產生能量的？
8. 試說明熱力學第一定理。
9. 試就能源之觀點定義焓及熵。
10. 試說明熱力學第二定理。
11. 試解釋在熱學兩個重要之循環：(a)卡諾循環；(b)朗肯循環。
12. 試簡述我國目前能源科技現況及未來發展？

MEMO

02
CHAPTER

汽電共生

2-1 汽電共生之概念與架構

一、汽電共生定義

「汽電共生」(Cogeneration)就是蒸汽與電力相互依存在系統中，係利用燃料或廢棄物燃燒同時產生電力及蒸汽的設備。換言之，即是一套系統化設備，能夠同時產生蒸汽與電力，如圖 2-1 所示，說明汽電共生之基本模式。

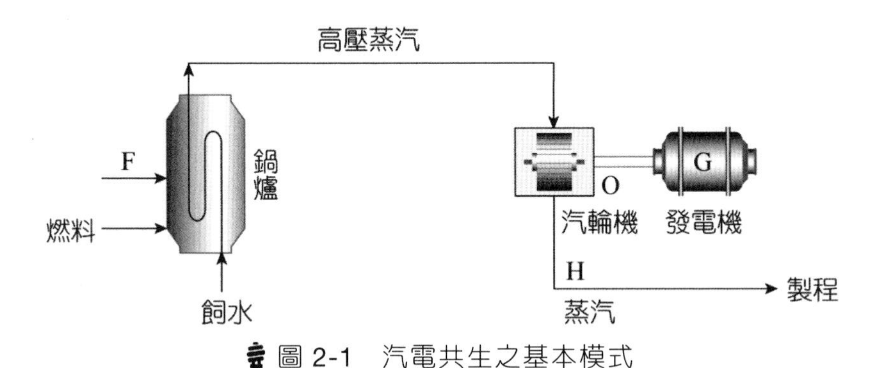

圖 2-1　汽電共生之基本模式

在鍋爐中產生高壓蒸汽，經由蒸汽渦輪機旋轉而帶動同軸連接之發電機產生電力，其餘蒸汽供應工廠相關製程使用。主要之優點為具有節能、經濟與環保三項利益。其公式說明如下：

1. $$\text{有效熱能比率}(\%) = \frac{\text{有效熱能產出}(H)}{\text{有效熱能產出}(H) + \text{有效電能產出}(O)}$$

2. $$\text{總熱效率}(\%) = \frac{\text{有效熱能產出}(H) + \text{有效電力產出}(O)}{\text{燃料熱值}(F)}$$

在汽電共生的系統中有兩大主要設備為氣渦輪及廢熱鍋爐，以下分別敘述：

(一) 氣渦輪機(Gas turbine)

以天然氣或柴油做為主要燃料，而由燃氣渦輪產生機械動力，轉動發電機產生電力，其原理為自大氣中引進空氣，經氣渦輪機組的空氣壓縮後，噴入燃料燃燒，產生高溫、高壓的大量燃氣，來驅動氣渦輪發電機組。氣渦輪機高溫排氣約 450～550°C，送廢熱至回收鍋爐，可以產生高溫蒸汽，提供工廠製程加熱使用。

氣輪機發電，是一項有效利用能源的重要技術，其產生電力與製造蒸汽的總效率高達80%；另外，可將在發電後將排放之熱氣經廢熱鍋爐加熱，再產生不同壓力與溫度之蒸汽或熱水供製程或空調使用，亦可接用於物品乾燥源，若將燃氣渦輪機配上蒸汽渦輪機的系統，此二種發電循環結合之系統即為複循環系統，如圖2-2所示。

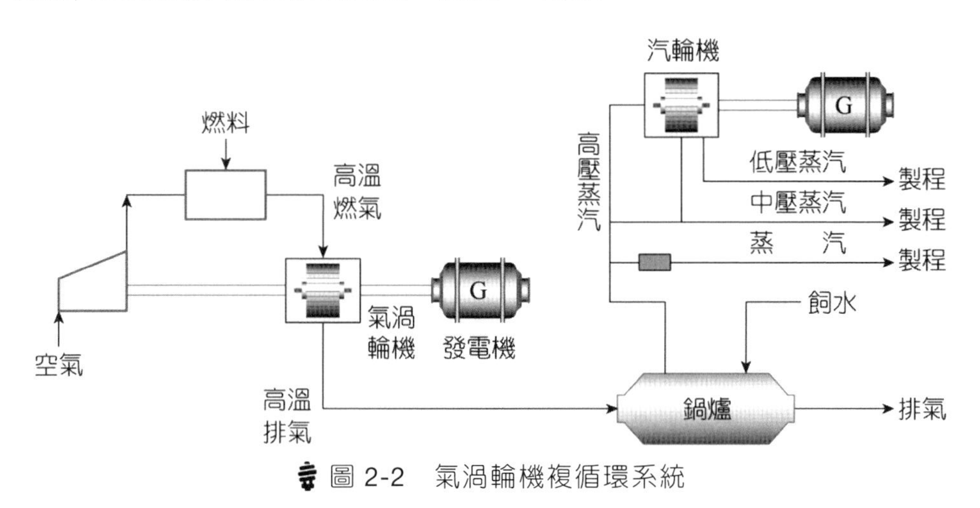

圖 2-2　氣渦輪機複循環系統

(二) 廢熱鍋爐(Heat recovery steam generator)

廢熱鍋爐的功用是利用氣渦輪機發電作功後的排氣餘熱予以回收，其方式分為兩類：

1. 將高溫排氣送至廢熱鍋爐內，加熱水使其變成蒸汽，供製程使用。
2. 藉由熱交換器，直接做加熱使用。

至於提升氣渦輪機發電系統效率方法如下：

1. 強化每個元件的效率

其主要的元件有壓縮機、燃燒室、燃氣輪機與發電機。提升每一個元件的效率，可以增加總體發電效率。

2. 提高渦輪機進氣溫度

增加氣渦機的進氣溫度，能夠有效改善熱效率，但必須隨材料耐熱度與更好的冷卻技術來提升。

二、汽電共生建廠規劃應注意事項

1. 符合申請合格汽電共生廠之條件為：有效熱能產出比率至少達20%，總熱效率最小值為50%。
2. 以製程所需之蒸汽為優先考量，不足的電力再向臺電公司購置。若有多餘之電力，再售予臺電公司。

三、汽電共生廠使用燃料

1. 製程產生之廢氣。
2. 煤。
3. 重油。
4. 柴油。

5. 天然氣。

6. 製程產生之廢料。

四、汽電共生適用之行業

1. 石化工業。

2. 鋼鐵業。

3. 水泥業。

4. 紙業。

5. 紡織業。

2-2 汽電共生系統之類型

汽電共生機組依照熱能提供發電或供給製程能源的先後不同，可區分為三大類，第一類為「先發電循環系統」，亦稱為「頂部循環系統」，它利用燃料產生高壓高溫蒸汽去推動蒸汽渦輪發電機之後，再將此餘熱蒸汽引至工廠供製程使用，此種型式之機組有背壓式汽輪發電機組、汽渦輪發電複循環機組、抽汽／冷凝式汽輪發電機組、汽渦輪廢熱鍋爐機組以及柴油引擎機組等。此種系統排出之蒸汽較適合用於一般較低溫之製程工廠（例如石化廠、造紙廠）等之製程加熱使用。

第二類為「後發電循環系統」，或者稱為「底部循環系統」，它是利用工廠製程中產生的廢熱將其有效收集，再送至鍋爐，產生高壓高溫的蒸汽使得汽輪機旋轉而帶動發電機產生電力。

第三類為「複發電循環系統」，本系統是融合上二項特點之設計，但需要考量是否有利工廠生產流程。上述三種系統於整體循環中不僅要產生電，而且還要產生足夠之蒸汽供製程之用，才可稱作為汽電共生。另外要具備合格汽電共生廠之條件，必須達成總效率不得低於50%，以及有效熱能不得低於20%。

一、先發電循環系統

先發電循環系統包含以下幾種重要之分類：

(一) 背壓式汽電共生系統

係以高壓蒸汽驅動汽渦輪機產生機械能，機械能可直接帶動發電機轉動而產生電力，多餘之高溫蒸汽則由渦輪機排出，減壓後用於生產過程中。如圖 2-3 所示。

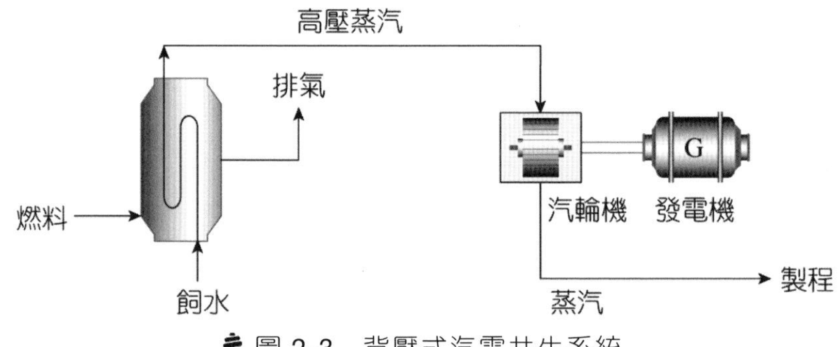

圖 2-3　背壓式汽電共生系統

(二) 抽汽／冷凝式汽輪發電機組

本系統之操作原理，是將鍋爐產生之高壓、高溫蒸汽，先送至汽輪發電機發電，再由汽輪機抽取適當之蒸汽提供製程使用。剩餘的蒸汽則經汽輪機低壓段作功後，排汽至冷凝器，排汽經凝結成水後，送回鍋爐再循環使用。如圖 2-4 所示。

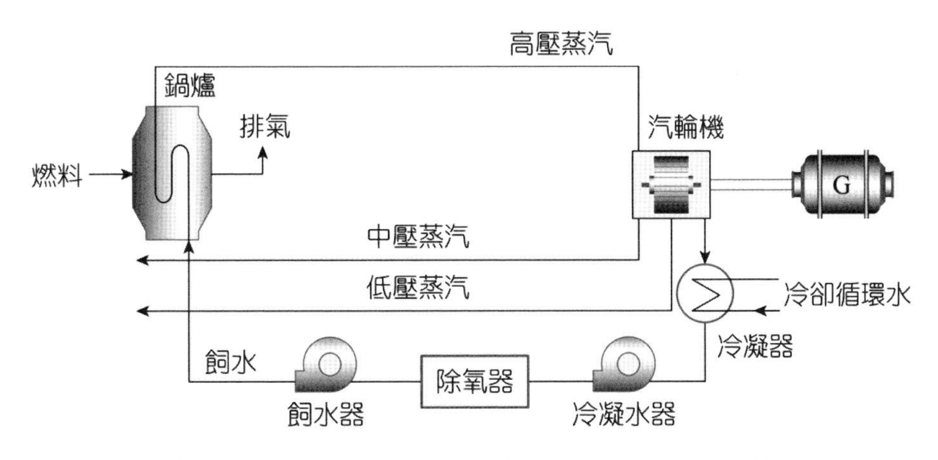

圖 2-4 抽汽／冷凝式汽輪發電機汽電共生系統

（三）汽渦輪廢熱鍋爐發電機組

本系統之操作原理為自大氣中引進空氣，經氣渦輪機組的空氣壓縮機後，成為高壓空氣再與燃料混合燃燒，以產生高壓、高溫之燃汽，驅動氣渦輪發電機組。而汽渦輪機的排氣經由廢熱鍋爐，可以產生蒸汽，直接提供製程使用。如圖 2-5 所示。

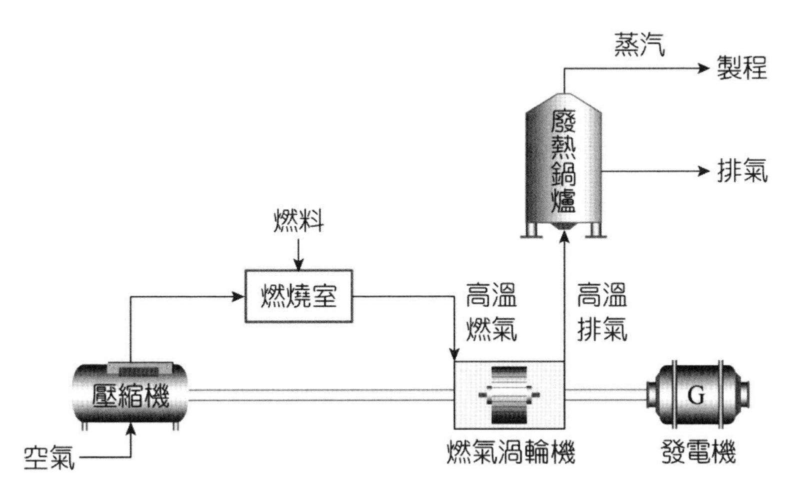

圖 2-5 汽渦輪廢熱鍋爐發電機組

（四）柴油引擎機組

本系統是利用重油作為柴油引擎之燃料，驅動柴油引擎帶動發電機而產生電力。原理如圖 2-6 所示。

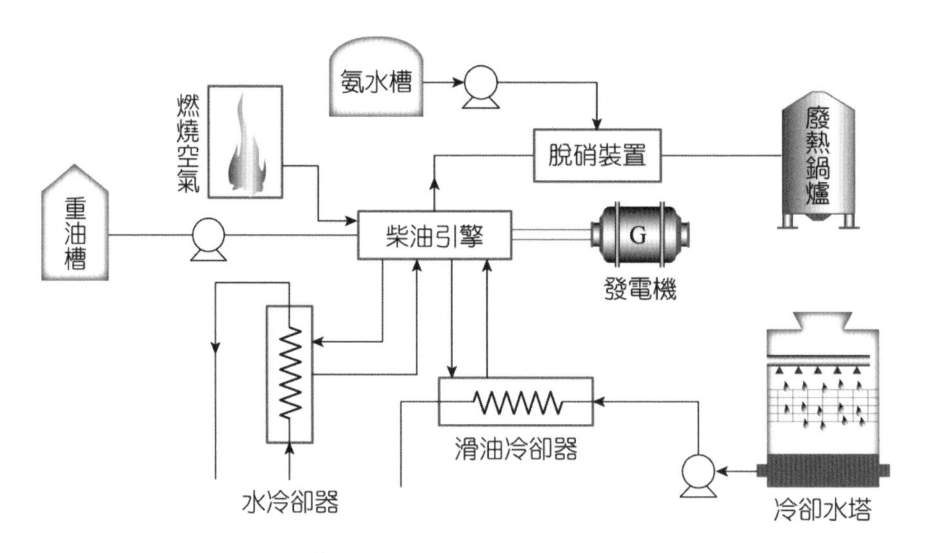

圖 2-6　柴油引擎機組

二、後發電循環系統

將工廠製程中的廢熱轉換為蒸汽發電。原理如圖 2-7 所示。

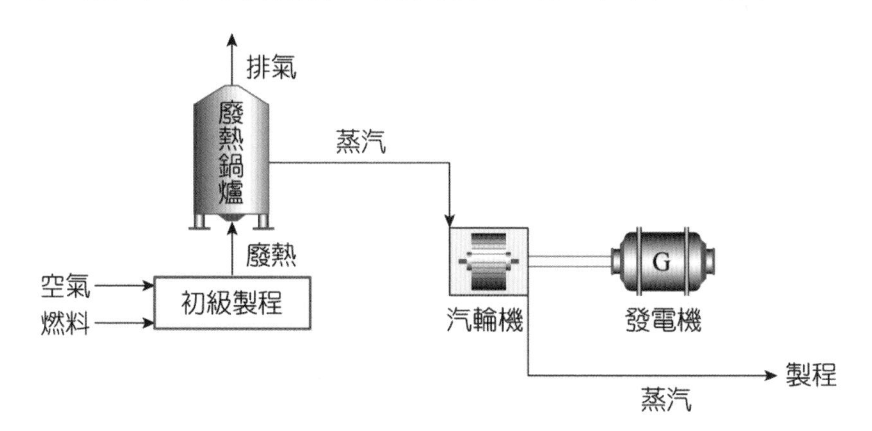

圖 2-7　後發電循環系統

三、複發電循環系統

本系統是結合先發電循環與後發電循環而成之複合循環式汽電共生裝置。原理如圖 2-8 所示。

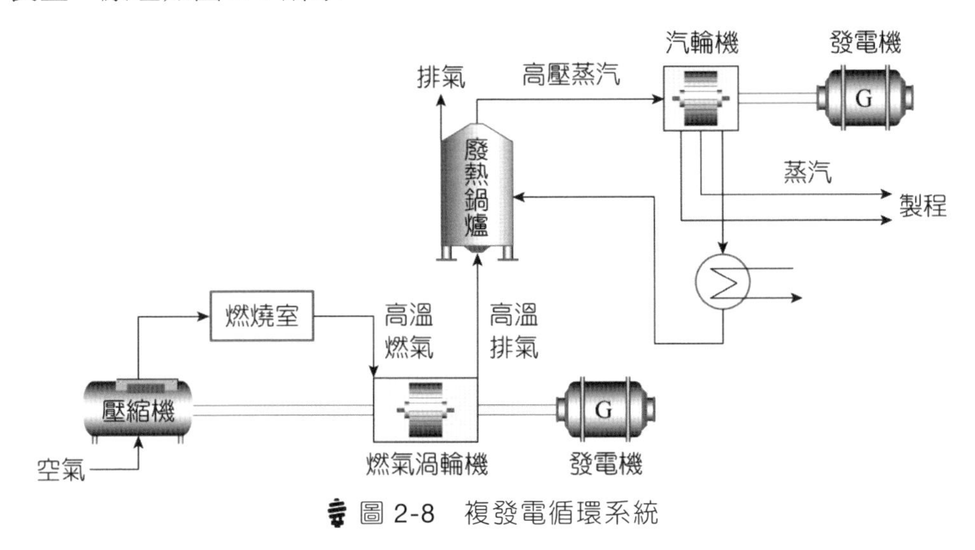

圖 2-8　複發電循環系統

2-3 汽電共生系統之實務應用

ECO FRIENDLY TECHNOLOGY

汽電共生發電系統是一種必行性之考量，其功能在於提高能源使用效率、降低生產成本、提供一定程度的可靠電力，間接對於環境保護實質的改善及減廢亦有相當程度之幫助。

汽電共生的技術包括電機、機械、土木、化工及能源經濟各領域的專業知識，是一個利用加入之燃料能源來同時產生熱能與電力的獨立系統，其可配合實際的需要作最經濟且有效率之運用，在能源十分缺乏的臺灣，這種以汽電共生方式來運用能源，除具備有效利用能源之益處，也可達到節約能源功效，對於減緩臺灣整體 CO_2 與溫室氣體的排放，亦當發揮正向功能。

電業為一切工業之母，汽電共生廠是一種能源有效應用的設施，亦是目前能源利用的一項趨勢。若能有效的掌握各種設廠之條件，那麼將有效利用能源、降低輸電損失、減輕環保汙染、對於一些需要大量電力與熱源的工廠助益頗大，因此汽電共生在技術之發展與實務面的應用，對企業本身和國家整體利益均有極重要的影響。

一、汽電共生廠解聯之主要原因

臺電系統（含發電機組、變壓器、開關設備或高低壓輸配電路）發生故障。

二、獨立運轉

1. 個別發電機控制功能。
2. 多部發電機之運轉控制特性整合。
3. 鍋爐及蒸汽系統之跟隨控制。

三、卸載

主要針對解聯後之獨立系統會依照電力之供需平衡與否反應到系統頻率與電壓上，卸載目的在於平衡獨立運轉系統之發電量與負載量，以求穩定運轉。

四、同步並聯

1. 同步電驛功能正常。
2. 汽輪機控制功能正常。
3. 發電機激磁系統自動電壓調整器功能正常。

EXERCISE

選擇題

(　)1. 臺灣電力系統發電量最大的是　(1)水力發電　(2)核能發電　(3)火力發電　(4)太陽能。

(　)2. 汽電共生系統中會產生高溫高壓設備者為　(1)管路　(2)鍋爐　(3)控制開關　(4)以上皆是。

(　)3. 下列何者不是汽電共生適用行業？　(1)口罩製造業　(2)鋼鐵廠　(3)紙業　(4)石化工業。

(　)4. 卡諾循環(Carnot Cycle)的敘述何者正確？　(1)它是熱力學循環，分析熱機的工作過程　(2)它是一種化學變化　(3)敘述能量儲存　(4)以上皆是。

(　)5. 下列何者為汽電共生的功能？　(1)提高能源使用效率　(2)分散式電源　(3)減少汙染及抑制二氧化碳排放　(4)以上皆是。

(　)6. 下列何者非汽電共生系統之類型？　(1)油壓系統　(2)先發電循環系統　(3)後發電循環系統　(4)複發電循環系統。

EXERCISE

問題與討論

1. 試定義汽電共生。
2. 分別說明汽電共生之發電型態。
3. 規劃一座石化廠之汽電共生系統，其相關考慮因素為何？
4. 試述鍋爐如何提供其燃燒效率。
5. 試述氣渦輪機主要構造及動作原理。
6. 汽電共生系統對臺灣能源與電力調整之關聯性。

太陽能發電系統

2005 年 2 月 16 日《京都議定書》正式生效，全球有 141 個國家簽署該協議；已開發國家率先進行溫室氣體排放減量，計畫 2008～2012 年間將六種溫室氣體減少到低於 1990 年的 5.2%，因此傳統以石化燃料之發電，將逐漸改為再生能源，長期而言，太陽光電具有長遠之展望，由於具有零排放之優點，太陽能發電在全球分離式電力發展上扮演重要角色。

3-1 太陽電池之基本原理

太陽能可以說是地球上動植物生命的泉源，更是地球上能源之母。

其優點有四點：

1. 永續性的豐富能源。
2. 取得能源容易。
3. 無汙染。
4. 不會增加地球的熱負荷量。

亦有三項缺點：

1. 能量密度比較低。
2. 太陽能是間歇性能源。
3. 裝置費用與成本較高。

至於太陽電池之發電原理，乃利用太陽光照射至半導體光電材料上，由太陽輻射提供的能量造成電子流動而直接轉化成電能。而太陽電池之光能轉換率高低取決於太陽電池之性能，一般轉換率介於 15～20%之間，目前最高可達 35%。對於實用化之太陽電池，需要大面積 *P-n* 接面二極體，如圖 3-1 所示，為太陽電池之構造。

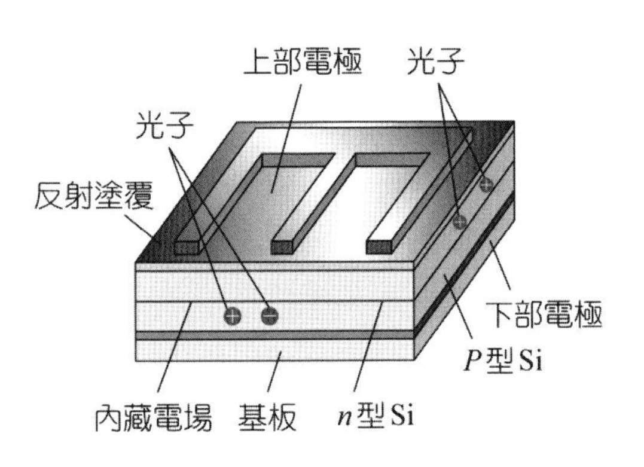

圖 3-1 太陽電池之構造

對於太陽光電元件(Cell)之原理，以矽晶舉例說明如下：當 *P* 型矽晶與 *n* 型矽晶在材料接合面上接觸，再經由太陽光照射，將形成一個可以讓自由電子由 *P* 接面向 *n* 接面移動的鍵結。其內部之結構如圖 3-2 所示；至於載子之分布如圖 3-3 所示。

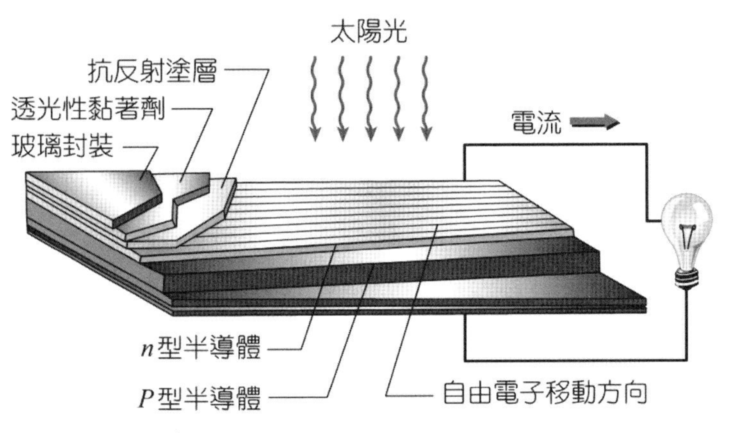

圖 3-2 太陽電池內部結構圖

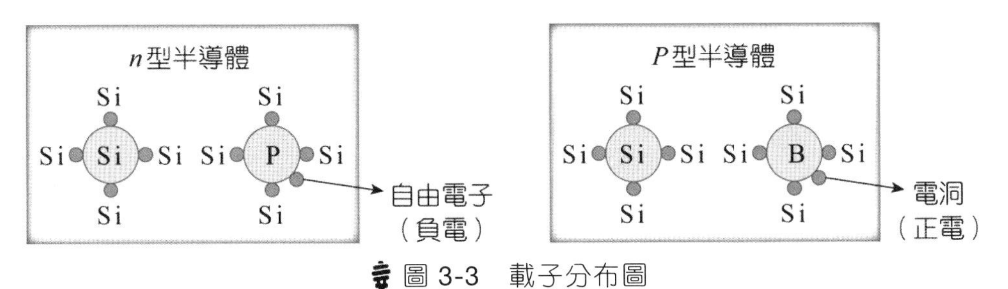

圖 3-3 載子分布圖

太陽電池之能源轉換效率為太陽電池所產生之輸出電力除以進入太陽池之太陽能。當太陽電池之電流方向，是 n 往 P 方向流動，則太陽電池之電流為 I ，

$$I = I_o \left\{ \exp\left(\frac{qV}{nKT} \right) - 1 \right\} - I_{SC} \qquad [\ 3\text{-}1\ ]$$

在式 3-1 中，I_o 為 P-n 接面之逆向飽和電流，I_{SC} 為短路光電流，q 為電荷，n 為放射係數，K 為波茲曼常數，T 為絕對溫度，V 為太陽電池之端電壓。

圖 3-4 所示為太陽能電池之等效電路，其太陽電池兩端子上所觀測到之電流 I 與電壓 V 之關係式，如式 3-2 所述：

$$I = I_{SC} - I_o \left\{ \exp\left[\frac{q\left(V + R_S I\right)}{nKI} \right] - 1 \right\} - \frac{V + R_S I}{R_{th}} \qquad [\ 3\text{-}2\ ]$$

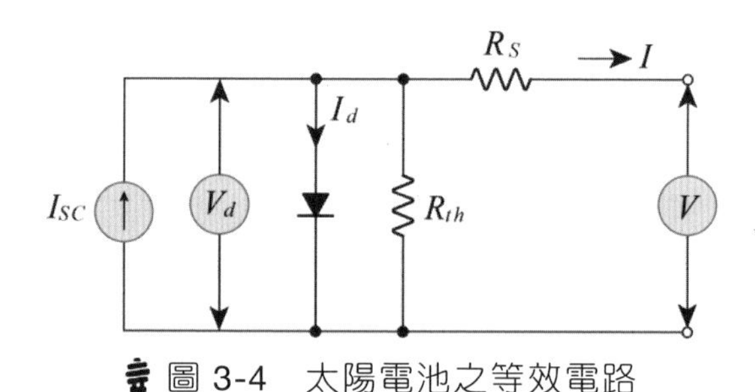

圖 3-4　太陽電池之等效電路

太陽電池之能源轉換效率以 η 表示，其公式如式 3-3 所示：

$$\eta = \frac{\text{太陽電池輸出電能}}{\text{進入太陽電池之能量}} \qquad [\ 3\text{-}3\ ]$$

砷化鎵(GaAs)太陽電池，轉換效率理論值 28.5%，量產值可達 20%，至於結晶矽，轉換效率理論值 27%，量產值可到 16～18%。

另外，在集熱面積之考量，如式 3-4 所示：

$$A(\text{集熱器面積}) = \frac{E(\text{所需熱能})}{Q(\text{太陽能}\frac{\text{W}}{\text{m}^2}) \times \eta(\text{集熱器效率})} \qquad [3\text{-}4]$$

對於一個每天 4 小時連續平均日照強度為 $500\,{}^{\text{W}}\!/_{\text{m}^2}$ 的地區來說，其太陽產生之能量 Q，$Q = 0.5\left({}^{\text{kW}}\!/_{\text{m}^2}\right) \times 4(\text{h}) = 2\left({}^{\text{kWh}}\!/_{\text{m}^2}\right)$，假設典型集熱效率為 50%，則所需之集熱器面積 $A = \frac{4.66}{2 \times 0.5} = 4.66\,\text{m}^2 = 2.15(\text{m}) \times 2.15(\text{m})$

例

有一戶住宅，平均每天使用 200 公升熱水，設需要將水由 20°C 加熱至 40°C，則所需之熱能為多少？

解

$$E = 4.2\left({}^{J}\!/_{{}^\circ C\,/\,\text{g}}\right) \times 200 \times 1000 \times (40 - 20)$$

$$= 16{,}800\,\text{kJ} = 16.8\,\text{MJ} = 4.66\,\text{kWh}\ (1\,\text{kWh} = 3.6\,\text{MJ})$$

一、獨立型太陽能模組與蓄電池之計算與設計

(一) 計算所需求之太陽能板之功率數

1. 依照設備定出每小時負載 $P_{\text{total}} = P_1 + P_2 + P_3 + \cdots$。

2. 預估各項負載設備每天使用時間 $T_1, T_2, T_3 \cdots$。

3. 估算每日總耗電量 $W_{day} = P_1T_1 + P_2T_2 + P_3T_3 \cdots$ 。

4. 獨立型太陽能發電系統之安全係數為 130%，則每天總耗電量 $= W_{day} \times 1.3$；若為混合式發電系統其安全係數可以忽略。

5. 所需太陽能板之額定瓦特數 $= \dfrac{\text{總設備耗瓦特時數}}{\text{等效日照小時}}$

   其中等效日照小時 $= \dfrac{\text{太陽照射量}\left(\dfrac{\text{MJ}}{\text{m}^2}\right)}{3.6\,\text{MJ}/\text{m}^2/\text{天數}}$ ，$3.6\,\text{MJ}/\text{m}^2 = 1\text{kW}/\text{m}^2$

6. 代表太陽能性能指標 FF(Fill-factor) $= \dfrac{\text{V}_{max} \cdot \text{I}_{max}}{\text{V}_{OC} \cdot \text{I}_{SC}}$

   （V_{max}：最大功率所對應之電壓，I_{max}：最大功率所對應之電流，V_{oc}：開路電壓，I_{SC}：短路電流。）

7. 太陽能光電系統效能指標⇒直流發電比(RA)

   $$R_A = \frac{P_0 \times 1000}{P_R \times G}$$

   （P_0：組列輸出功率 $= V_0 \times I_m$，V_0：組列量測電壓，I_m：組列量測電流，P_R：組列額定功率 $= \sum_{i=1}^{N} P_i$ ，P_i：第 i 片模組額定功率，N：組列所含模組片數。）

（二）計算所需求之蓄電池容量

1. 求出每日之總耗電量 $W_{day} = P_1T_1 + P_2T_2 + P_3T_3 \cdots$ 。

2. 依照氣象資料求出無日照（陰雨天）最長日數 D_{Rain} ，設無日照發電量與平均發電量的比為 R，故在陰雨天中有 $(1-R)\%$ 的電量是無法供應的。

3. 計算有效蓄電池容量 $C = W_{day} \times D_{Rain} \times (1-R)\%$ 。

4. 使用鉛酸電池設定安全係數為 120%，$C_{\text{design}} = C \times 120\%$ 。

5. 若為深循環式蓄電池容量 $C_{\text{design}} = \dfrac{C}{0.8}$ 。

二、塊狀太陽能電池

太陽能電池元件的種類，因其外規型態的不相同，而有塊狀型太陽能電池與薄膜型(Thin film)太陽能電池等兩大類。塊狀太陽能電池可分為單晶矽、多晶矽與非晶矽三種，以下分別說明之：

(一) 單晶矽(Single crystal silcon)

單晶矽是沒有晶界存在的一種單結晶狀態物質，其特性是純度高以及結晶性十分完整。

(二) 多晶矽(Polycrystaline silicon)

多晶矽是存有許多小晶以及結晶矽的晶界，其特性為純度不高以及結晶性較不完整。

(三) 非晶矽(Amorphous silicon)

非晶矽是藉由透明導電薄膜、P 型的矽半導體、本質半導體的矽、高摻雜 n 型的矽半導體以及金屬電極等，所組成的 *Pin* 或 *P-n* 接面型元件構造。

近期發展之薄膜太陽能電池(Thin film solar cell)，伴隨著 IC 產業科技的蓬勃發展，促使其製造技術趨於成熟穩定。採用之半導體材料如非晶矽(a-Si)、銻化鎘(CdTe)、二硒化銅銦($CuInse_2$)等材料，其二硒化銅銦之能隙值可涵蓋大部分之太陽光譜，具有較高的光吸收係數，並可調變本身的組成使熱穩定性更佳。相較於矽晶圓太陽能電池，具有設備成本低，量產速度快、轉換效率高以及高良率的優點，預期至少未來十年，市場上的主流依然是矽晶圓太陽能電池。但是，也不可忽略薄膜太陽能電池未來發展潛力，由於薄膜太陽能電池結構簡單、厚度較薄，方便用於玻璃帷幕，建築一體化上，同時也可節省矽的使用量，大幅降低生產成本，因此有許多廠商爭相開發薄膜太陽能電池。薄膜太陽能電池，是藉由塑膠、玻璃或金屬基板上形成可產生電效應的薄膜，是未來前瞻性太陽電池的產物。

三、薄膜太陽能電池

薄膜太陽能電池可以使用價格低的玻璃、陶瓷、石墨、塑膠、金屬片等不同材料當基板來製造，形成的厚度只需數 μm，其形狀除平面之外，亦可製作成具有可撓性之型態。因此薄膜太陽電池產品大多應用於隨身折疊式充電電源、軍事、旅行、建築整合式、遠端電力供應、國防等方面。

(一) 薄膜太陽能電池的特點

1. 可與建築整合性應用(BIPV)。
2. 弱光情況發電效率佳。
3. 較好的光傳輸。
4. 較高的累積發電量。
5. 矽原料用量少。
6. 厚度較薄(μm)。
7. 功率密度係數佳。

（二）薄膜太陽能電池的未來市場的發展

1. 屋頂設施：高功率輸出密度。
2. 建材一體之太陽光電(BIPV)：未來建築材料使用。
3. 電力工廠：模組化製造成本低。
4. 消費性電子(Consumer electronics)：輕薄與高功率密度。
5. 節能建材：透明性及低價位。

3-2 太陽電池之種類

ECO FRIENDLY TECHNOLOGY

一、依照太陽能的利用方式分類

（一）被動式(Passive solar)

利用建築物的設計與環境考量相結合，並配合建築材料的使用，使得建築物易於吸收太陽能或隔絕太陽能。

（二）主動式(Active solar)

1. 太陽熱能

使用於家用太陽能熱水器，亦有以大規模集熱裝置形成所謂的集熱式太陽能發電廠。

2. 太陽光能

藉由太陽能電池板將光能直接轉換為電能。

二、依照太陽電池的材料來分類

1. 矽晶系列分為單晶矽、多晶矽與非晶矽三種。

2. 化合物半導體包含了Ⅲ-Ⅴ族半導體（磷化銦 InP 和砷化鎵 GaAs），另外是Ⅱ-Ⅵ族半導體（碲化鎘 CdTe 和硫化鎘 CdS）。

3. 其他包含有機太陽電池及無機太陽電池。

3-3 太陽能之發電系統

為了更有效產生大量之電能，可以集合眾多太陽能模組（Module，或稱 Panel），經由充電控制器(Charge controller)，將電能予以儲存，也可以經由逆變器(inverter)，轉換為交流電，供應家用負載使用。如圖 3-5 所示。

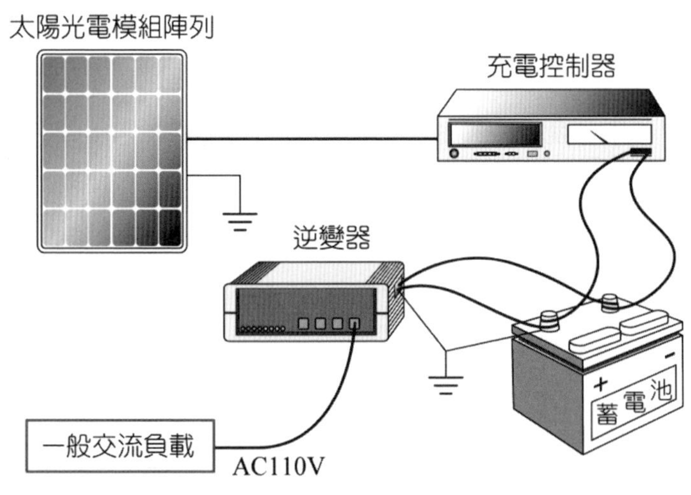

圖 3-5　太陽能發電系統

太陽能發電系統目前分為獨立型、併聯型與混合型三大類，以下分別說明其系統架構及其實務應用。

一、太陽能獨立型發電系統

所謂獨立型太陽能發電系統，就是未與電力公司系統併聯，而直接採用太陽能模組發電，並藉由蓄電池之充放電裝置及電力電子的轉換能量之設施，提供穩定之交流電源。如圖 3-6 所示。

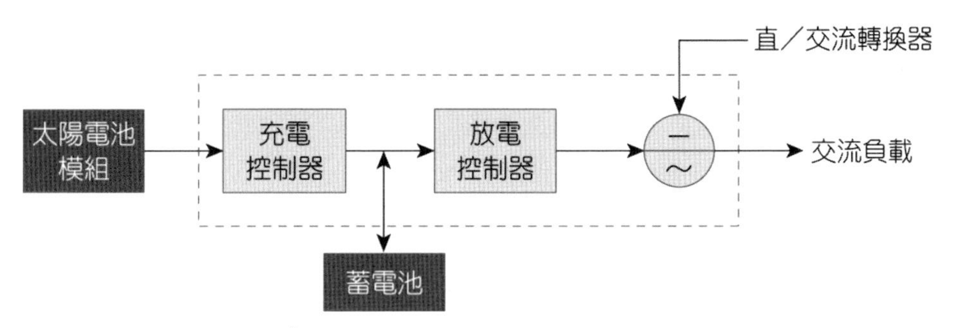

圖 3-6　獨立型太陽發電系統

實際太陽能板配置，如圖 3-7 所示。

圖 3-7　太陽能板實際配置

二、太陽能併聯型發電系統

併聯型太陽能發電系統，是與電力公司系統直接併聯，白天有太陽光時採取太陽能模組發電，夜晚或陰雨天利用 ATS 轉換為電力公司電源供應。如圖 3-8 所示。

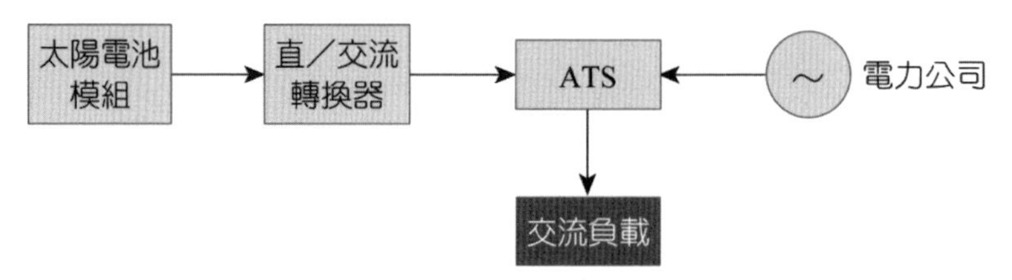

圖 3-8　併聯型太陽能發電系統

三、太陽能混合型發電系統

混合型發電系統是由兩種以上（含兩種）發電設施組合而成。例如太陽能－風力能，太陽能－風力能－燃料電池，太陽能－燃料電池－柴油發電機等。其如圖 3-9 所示。

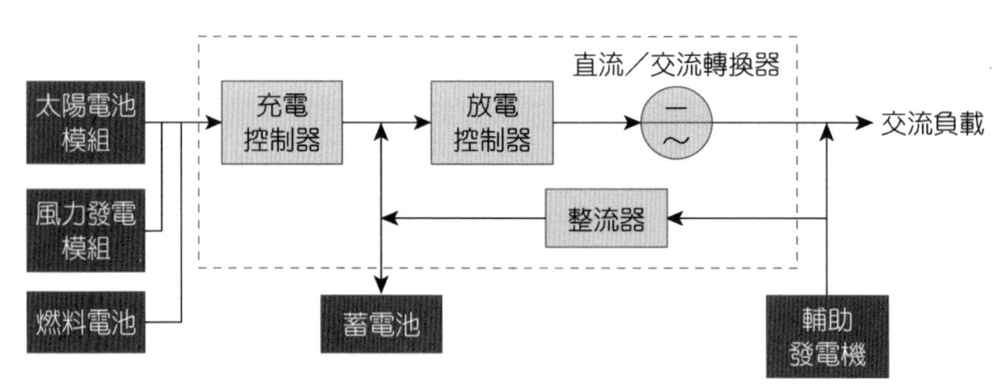

圖 3-9　混合型太陽能發電系統

四、太陽能功率轉換系統

太陽能模組，受到太陽的照射而產生直流功率，藉著轉換器（直流－直流）以及反相器（直流－交流），轉換交流電源至負載使用。如下圖 3-10 所示，為太陽能功率轉換電路。

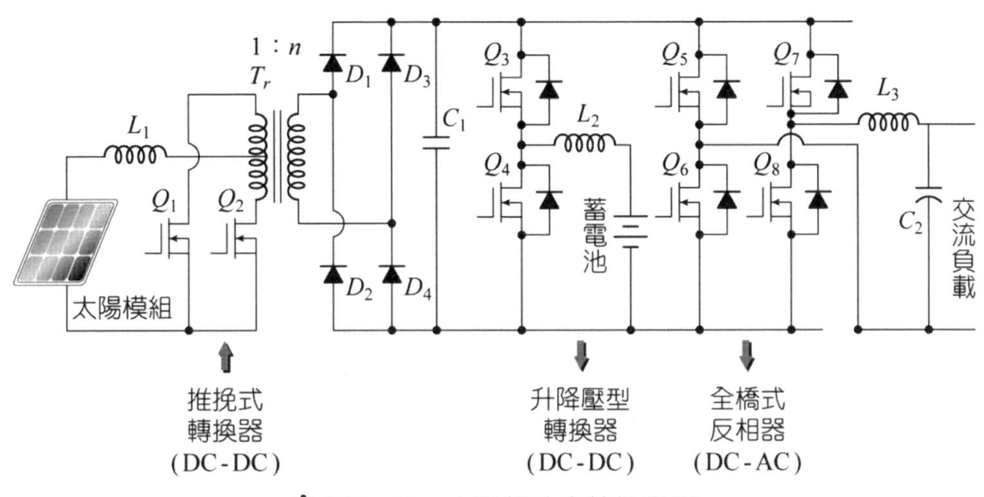

圖 3-10　太陽能功率轉換電路

如圖 3-10 所示，由金氧場效半導體(MOSFET) Q_1 與 Q_2 和 L_1、T_r 及 D_1、D_2、D_3、D_4 所組成之推挽式轉換器（升壓型 DC-DC）；Q_3、Q_4 及 L_2 為升／降壓型轉換器；Q_5、Q_6、Q_7、Q_8 組成全橋式反相器，轉換交流電力供應負載。其太陽能發電系統，如圖 3-11 所示，以方塊圖表示之。

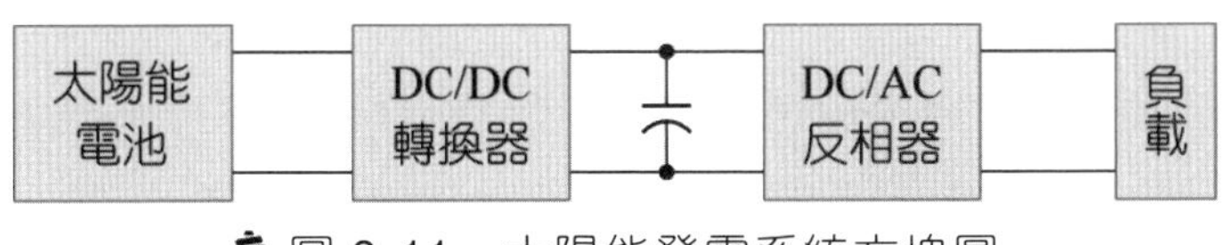

圖 3-11　太陽能發電系統方塊圖

太陽電池之特性如下所列：

1. 太陽電池(Solar cell)可將光能直接轉換直流電能，不會自行儲存能量，只有藉助蓄電池儲能。
2. 是一項潔淨能源，無汙染及噪音。
3. 太陽能電池壽命長，可達二十年以上，堅固耐用。
4. 太陽能電池是永續能源。
5. 設計時可與建築物結合，成為建築一體太陽能板(BIPV)。

至於何謂 BIPV，就是將太陽電池模組(Module)陣列(Array)規劃、設計並裝置在建築物上，有效利用建築物表面發電，兼具建築物的外表包覆建材之功能。

五、再生能源發展條例

98 年 6 月 12 日立法院三讀通過《再生能源發展條例》，108 年修正發布，全文 23 條，主要的立法精神有幾項：

1. 臺電公司負有併聯及收購義務。
2. 將以固定費率收購再生能源電能，並提供設置補助。
3. 放寬土地使用限制與自用發電設置資格及條件限制。
4. 推動的策略以太陽光電發電補助為主。
5. 認定單位為中央主管機關「經濟部」。
6. 公共工程或者是建築物為優先設置。

六、太陽光發電系統儲能設備－蓄電池

獨立式太陽光電系統常用之蓄電池為鉛酸蓄電池，其主要之電極由鉛製成，電解液為硫酸溶液的一種蓄電池。

鉛酸蓄電池一般分為開口型電池及閥控型電池兩種。前者鉛酸蓄電池需要定期注酸維護，後者為免維護型蓄電池。其鉛酸電池充放電化學反應方程式如下所列：

$$PbO_2 + 2H_2SO_4 + Pb \longleftrightarrow 2PbSO_4 + 2H_2O$$

蓄電池在放電時正極板之二氧化鉛(PbO_2)與負極板之鉛及硫酸反應形成硫酸鉛($PbSO_4$)沉澱，而在充電時 $PbSO_4$ 再分別於正負極板還原成 PbO_2 和 Pb。一般蓄電池充電方法包括定電壓充電法及定電流充電法。

一般在充放電化學反應中，它是電極與電解液產生轉移的效應，如此稱之為電化學反應。其電化學反應所影響的相關因數，如下圖 3-12 所示。

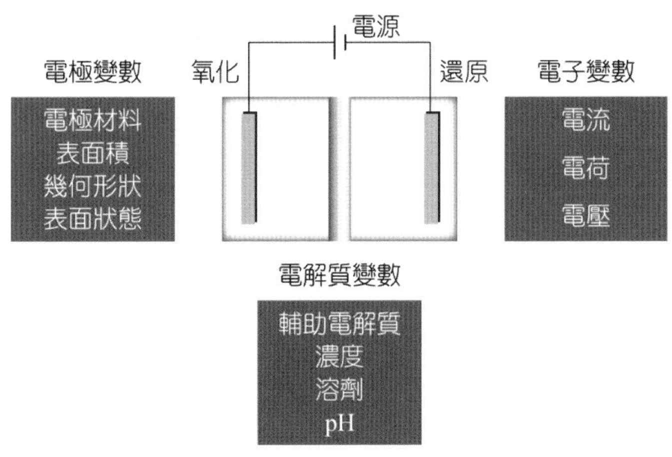

圖 3-12　電化學反應影響因數

至於電解質就是離子導體，電極為電子導體。陽極為氧化端，為送出電子；陰極為還原端，為接收電子。所採用之定理為法拉第定理，其方程式為：

$$Q = \int idt = MnF$$

（Q：電量，M：莫耳數，n：電子轉換率，F：法拉第常數 96,500 庫侖。）

（一）獨立系統

1. 直流／交流雙用電源型。
2. 直流單用電源型。

（二）併聯系統

1. 防災型

市電併聯系統，在遇到災害造成停電事故時，便會將直流／交流電力轉換器切換成系統自行運轉。

2. 負載均衡型

太陽電池及蓄電池同時供電，可於供電尖峰時期，讓電能轉換器供給必要之電力。

※ 蓄電池容量設計

假設蓄電池最大放電率＝80%

$$蓄電池容量 = \frac{陰天數 \times 每日負載需求量}{最大放電率}$$

※ 蓄電池放電時數

$$放電時數 = \frac{蓄電池容量}{負載消耗電流}$$

※ 蓄電池數量運算

$$電池串聯數 = \frac{後級轉換器需要之輸入電壓}{單個蓄電池電壓}$$

$$電池並聯數 = \frac{需求的蓄電池容量}{單個蓄電池容量}$$

3-4 太陽光能之應用與發展

ECO FRIENDLY TECHNOLOGY

一、太陽光能之發展

由於傳統能源（包含石油、天然氣、煤礦、鈾礦等）即將耗盡，未來新能源勢必展露光芒，例如太陽能、風力、水力、生質能與燃料電池等潔淨能源，或將成為下一個產業明星。

全世界的石油將於 40 年內開採殆盡，天然氣將於 50 年內耗絕，煤礦將在 200 年內開發完畢，而鈾礦也將在 60 年內用盡。同時為了配合《京都議定書》中減少溫室效應的目標，二十一世紀將成為發展潔淨能源的時代趨勢，例如臺灣正在推行陽光電城計畫，太陽能裝置量於 2019 年 4 月底已達 312 萬瓩，不僅年增 53.7%，更超越慣常水力的 209 萬瓩，截至 2022 年底，太陽能裝置量為 9,724MW（經濟部能源局）。

太陽電池為太陽光電系統之基本元件，單一太陽電池之電壓約 0.5 V，將數個太陽電池串聯成一組，再以強化玻璃給予真空封裝，並加框保護，可組成太陽光電模組。亦有真空型管狀太陽能熱水器裝置，利用太陽能轉為熱能之實際效用，如圖 3-13 所示。

圖 3-13　真空管狀太陽能熱水器

二、太陽光能之應用

太陽光能具有零排放汙染物之優點，可望於全球分散式電力市場扮演重要角色，而太陽光發電每一度電約可使二氧化碳排放量下降 581 公克，雖然目前發電成本偏高，但在德、日等國之推廣帶動下，近年全球太陽光電市場之平均年增率約為 3 成左右，為少數可維持高度成長之新興產業。在應用方向大致分為八個項目，以下列點說明：

1. **民生相關應用**：用於計算機、手錶、收音機、手電筒、野營燈、照相機、兒童玩具等。
2. **建築與家用電力應用**：住宅屋頂式太陽光電系統、辦公大樓帷幕牆或外牆、停車場屋頂或遮陽棚、大樓天井、候車亭或車站屋頂等。
3. **交通與道路應用**：用於太陽能車、太陽能路燈、交通號誌、交通指示牌、公路緊急電話、燈塔照明等。

4. **通訊系統應用**：運用太陽能供電的電話或微波中繼站、無線中繼站基地臺、衛生通信或雷達站等。

5. **農林漁牧與偏遠地區應用**：利用太陽能供電的農宅、溫室栽培、灌溉、自動灑水系統、離島地區之電力系統、高山地區民宿或避難屋等。

6. **緊急與防災應用**：利用太陽能供電之區域型緊急供電系統。如醫院、公園、商店、學校等。

7. **國防與太空應用**：運用於作戰時小部隊電力、通訊設備、軌道衛星以及太陽能無人飛行器等。

8. **結合其他能源應用**：與風力發電結合形成日夜或季節上的互補電力供應功能。

EXERCISE

選擇題

( )1. 老王家中屋頂裝設太陽能板，其記錄某日太陽能板日照 6 小時，產生了 1.8 度的電能，試求太陽能板在這 6 小時中的平均電功率為多少瓦特？ (1)10 (2)50 (3)5,000 (4)300。

( )2. 為了有效測量交流大電流，配合電流表宜使用 (1)比壓器 (2)比流器 (3)分流器 (4)電壓調整器。

( )3. 良好的電壓表，理論上其內阻應 (1)越大越好 (2)等於零 (3)越小越好 (4)無關。

( )4. 單相三線式兩端的負載平衡時，中性線電流為多少？ (1)10A (2)2A (3)0A (4)5A。

( )5. 太陽光電模組電纜標示 $5.5mm^2$ 表示 (1)額定電流 60A (2)額定電壓 $300V_{DC}$ (3)導線電阻 10Ω/km (4)導線截面 $5.5mm^2$。

( )6. 太陽能電池當日照條件達到一定程度時，當日照強度變化而引起較明顯變化的是 (1)工作電壓 (2)短路電流 (3)開路電壓 (4)最佳傾斜角。

( )7. 於太陽電池外電路接上負載後，該負載中便有電流流過，該電流稱為太陽能電池的 (1)工作電流 (2)短路電流 (3)開路電流 (4)最大電流。

( )8. 當太陽能發電系統的電力網路，因發生故障現象導致電力中斷，未立即檢查並切離系統，使得網路呈現獨立供電的現象稱為 (1)光伏效應 (2)孤島效應 (3)放電效應 (4)霍爾效應。

( )9. 一般蓄電池使用過程中，蓄電池放出的容量占其額定容量的百分比稱為 (1)放電深度 (2)自放電率 (3)放電效率 (4)以上皆非。

EXERCISE

( )10. 計算電力的瓦特計又可稱為 (1)電度表 (2)伏安表 (3)乏時計 (4)以上皆非。

( )11. 三用電表測試交流電壓所得讀值為 (1)平均值 (2)有效值 (3)瞬間值 (4)最大值。

( )12. 有一電阻二端電壓為10V，功率10W，其電阻值為 (1)1Ω (2)10Ω (3)100Ω (4)1,000Ω。

( )13. 有一變壓器一次線圈 1000 匝，20A，二次線圈 100 匝，則二次電流為 (1)200A (2)100A (3)50A (4)2A。

( )14. Rs485 訊號傳輸速率的單位為 (1)bps (2)dpi (3)rpm (4)rps。

( )15. 有一個蓄電池容量為 24V 60AH，將其充飽電後，若放電電流維持 20A，試問理想的持續可放電時間為 (1)5Hr (2)3Hr (3)1Hr (4)10Hr。

( )16. 太陽光電發電系統電纜線的選用，下列何者不是考慮因素？ (1)絕緣性佳 (2)耐熱阻燃性能 (3)防潮性能 (4)美觀。

( )17. 太陽電池的種類，不包括下列何者？ (1)多晶鐵 (2)單晶矽 (3)多晶矽 (4)砷化鎵。

( )18. 獨立式太陽光電系統的充放電控制系統，不包括下列何者？ (1)防止孤島效應 (2)蓄電池充電控制 (3)蓄電也放電原理 (4)信號檢查。

( )19. 太陽能發電系統採用何種接地工程規定？ (1)第一種 (2)第二種 (3)第三種 (4)特種。

( )20. 下列哪種裝置不可選作接地極？ (1)瓦斯管 (2)銅棒 (3)鐵管 (4)鋼管。

EXERCISE

問題與討論

1. 太陽能之發電原理為何？
2. 試述太陽能實務應用型態有幾種。
3. 試以使用材料不同，說明太陽能電池之種類為何？
4. 試設計獨立式太陽能發電之系統方塊圖。
5. 試比較獨立式與併聯型太陽能發電之差異性。
6. 設計蓄電池之充放電電路。
7. 試設計太陽能發電之電能轉換圖(DC-DC)、(DC-AC)。
8. 試說明太陽能發電國內外發展狀況。
9. 有一住宅，加裝單晶太陽能熱水器，該用戶平均每天使用 300 公升熱水，設需要將水由 20°C 加熱至 40°C，太陽能熱水器典型集熱效率為 50%，假設每天平均有 4 小時連續日照強度 600W/m^2 的地區，試計算所需之熱能為多少？所需集熱器面積為若干？

風力發電系統

4-1 風力發電之基本原理及種類

一、發電原理

風能擷取係利用風車葉片(Rotating blade)吸收風的動能，然後傳到旋轉軸帶動發電機發電，其中風速為 U，空氣密度為 ρ，通過水平軸風車(Horizontal-axis wind turbine)，葉片旋轉面積為 A，則空氣動力（風能）為 $P=\frac{1}{2}\rho AU^3$。

從式子中可知風能與風速三次方及葉輪面積成正比。根據 1927 年貝茲(Betz)之氣體動力學理論分析，發電效率之理論上限為 59.3%，目前技術最高可達 50%。

至於風的成因，是由於地球表面所吸收的太陽能，透過熱的傳導而變化空氣溫度，引起空氣的流動，因此產生了風。地球表面吸收能量的差異，會使得各地的氣溫密度及壓力變化成為風能的原動力。依照估算地球本身所吸收的太陽能約為 1.5×10^{18} kWh/年，其中 20%轉變為風能。由於地球上可以利用的風能功率約為 3.4×10^{12} kW，相當目前全球總發電電力之 90 倍，可見地球上的風能儲量相當豐富。

我們可藉由風花圖(Wind rose)得知主要風向及風速的發生頻率。如圖 4-1 所示。

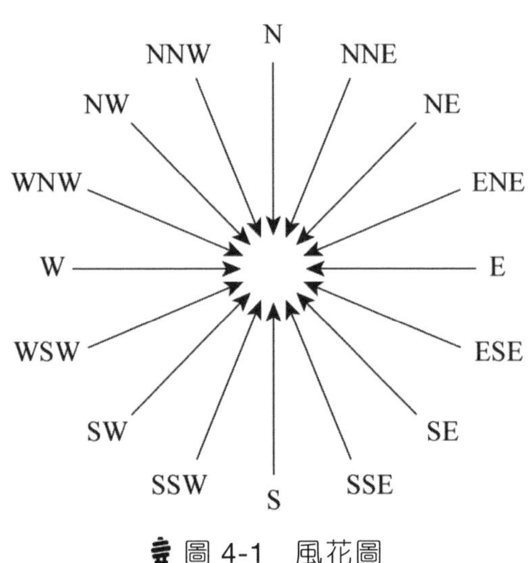

圖 4-1　風花圖

△ 氣動力－風機之動力來源

將風能轉換為電能，除了要考慮空氣密度、風速以及葉片旋轉面積外，還必須考慮原動機、發電機葉片效率和反相器之效率，其公式如下：

$$P_{out} = \frac{1}{2} \times \rho \times \pi \times R^2 \times U^3 \times \eta_{mech} \times \eta_{Gen} \times \eta_{inv} \times C_P$$

其中葉片之半徑 R，公式如下：

$$R = \sqrt{\frac{2P_{out}}{\rho U_{rate}^3 \pi \eta_{mech} \cdot \eta_{gen} \cdot \eta_{inv}}}$$

（ρ：空氣密度，η_{Gen}：發電機效率，R：葉片半徑，η_{inv}：反相器效率，U：風速，C_P：葉片效率，η_{mech}：傳動機械效率。）

例 01

2 kW 水平式風機，其額定風速為 12 m/s，試求該風機葉片半徑？（假設葉片效率 35%空氣密度為 $1.18\ Kg/m^3$，其他效率均為 1.0，但機械效率 $\eta_{mech} = 0.9$，發電機效率 $\eta_{Gen} = 0.92$，$\eta_{inv} = 0.95$）

解

$$R = \sqrt{\frac{2P_{out}}{\rho U^3 \pi \eta_{mech} \eta_{Gen} \eta_{inv} C_P}}$$

$$= \sqrt{\frac{2 \times 2 \times 1000}{1.18 \times 12^3 \times \pi \times 0.35 \times 0.9 \times 0.92 \times 0.95}}$$

$$= 1.51\ \text{m}$$

例 02

有一大型水平式風機，額定風速為 $15\,m/s$，發電額定容量為 $2\,MW$，試求葉片半徑？（假設葉片效率 30%，$\eta_{mech}=0.95$，$\eta_{gen}=0.95$，$\eta_{inv}=0.95$，空氣密度為 $1.18\,Kg/m^3$）

解

$$R=\sqrt{\frac{2\times2\times10^6}{1.18\times15^3\times0.3\times\pi\times0.95\times0.95\times0.95}}$$

$$=35.26\,m$$

△ 風機利用控制裝置及保護系統達成以下之功能及效用：

1. 電力。
2. 轉子速度。
3. 電力負載之連接。
4. 啟動與關機程序。
5. 電纜扭曲。
6. 風向對齊。

△ 風機保護功能應在下列情況啟動：

1. 超速運轉。
2. 發電機超載或故障。
3. 過度震動。
4. 電纜異常扭曲。

為因應暖化效應及氣候變遷日益嚴重，必須減少 CO_2 排放量，最有效的方法及世界潮流是開發零汙染或低汙染的自產能源，因此政府積極推動再生能源開發。行政院於 2004 年 7 月 17 日訂定再生能源發電容量配比，目標為現階段 5.56%至 2010 年提升為 10%之目標，其中風力發電占 215.9 萬瓩，2005 年 6 月 21 日全國能源會議亦確定上述目標。

臺電公司 10 年內在風場充沛西部沿海地區積極尋找廠址裝設至少 200 部風力發電機組。統計至 2012 年 12 月底，我國陸域完工建置 28 座風場，總計 314 部機組，累計總裝置容量為 621.05MW，並於 2012 年 7 月訂定《風力發電離岸系統示範獎勵辦法》；截至 2014 年年底，已有 323 部風力發電機組，供應高達 642.26MW 的電力。

臺灣西北部以東北季風為主要之風向，風速遠大於西南季風，風力強弱參考蒲福風級表，如表 4-1 所示。

表 4-1 蒲福風級表標準

蒲級風級	風之稱謂	一般敘述	風速 (m / sec)	備註
0	無風	煙直上。	不足 0.3	
1	軟風	煙表示風向，但不能轉動風標。	0.3~1.5	
2	輕風	人面感覺有風，樹葉搖動，風標轉動。	1.6~3.3	
3	微風	樹葉及小枝搖動不息，旌旗飄展。	3.4~5.4	
4	和風	塵土及碎紙隨風吹揚，樹之分枝搖動。	5.5~7.9	
5	清風	有葉之小樹開始搖揚。	8.0~10.7	
6	強風	樹之木枝搖動，電線發出呼嘯聲，撐傘困難。	10.3~13.8	
7	疾風	全樹搖動，逆風行足感到困難。	13.9~17.1	
8	大風	小樹枝被吹折，步行不能前進。	17.2~20.7	
9	烈風	建築物有損壞，煙囪被吹倒。	20.8~24.4	

表 4-1 蒲福風級表標準（續）

蒲級風級	風之稱謂	一般敘述	風速 (m / sec)	備註
10	狂風	樹被風拔起，建築物有相當破壞。	24.5~28.4	
11	暴風	極少見，如出現必有重大災害。	28.5~32.6	
12	颱風	嚴重風災。	32.7~36.9	
↓ ⋮ ⋮	颱風 ⋮ ⋮	嚴重風災。 ⋮ ⋮		
17	颱風	嚴重風災。	56.1~61.2	

臺灣的風力資源分布以西部沿海以及澎湖離島最為豐沛，風力發電在陸上潛能約 100 萬瓩，海上約 200 萬瓩。

而在選擇風力發電系統時，須先考慮設置風力機之基本條件，其重要條件包括下列各項：

（一）風場基本條件

1. 具備安定強風的地區。
2. 颱風來襲機會較低。
3. 靠近市電系統且易於併聯。
4. 交通方便。
5. 鳥害較少。

（二） 風力發電地形之分類

1. 平坦地形：風況安定，亂流少。
2. 複雜地形：風況不穩定，亂流強。
3. 離岸地形：風況不穩定。

二、風力機之分類

一般風力機得以容量大小、機軸配置與速度分為三大類，分別說明如下：

（一） 依照容量分類

1. **小型風機**：受風面積小於 40 m^2（直徑小於 7.136 m）的風機屬於小型風機。或是輸出功率小於 10 kW 者。
2. **中型風機**：輸出功率約至數百個 kW 者。
3. **大型風機**：輸出功率皆以數個 MW 者。

（二） 機軸配置分類

1. **水平軸風力機**：係指風力機轉軸呈現水平面安裝，其旋轉翼片可分為二葉片和三葉片，如圖 4-2 所示。實體圖如圖 4-4 所示。
2. **垂直軸風力機**：係指風力機轉軸與風向垂直。如圖 4-3 所示。實體圖如圖 4-5 所示。

(a)二葉片風機　　(b)三葉片風機

圖 4-2　水平軸風機

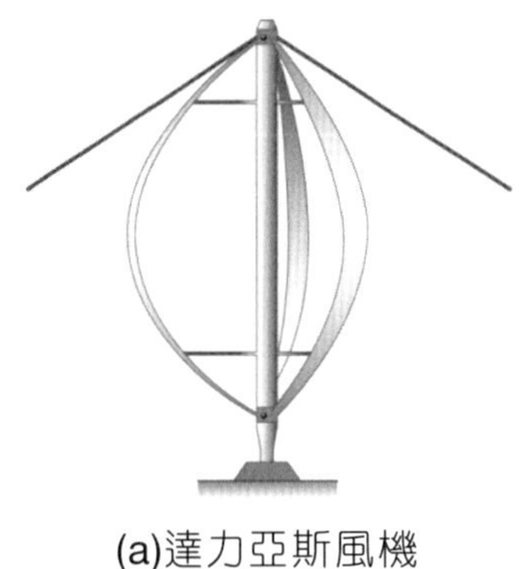

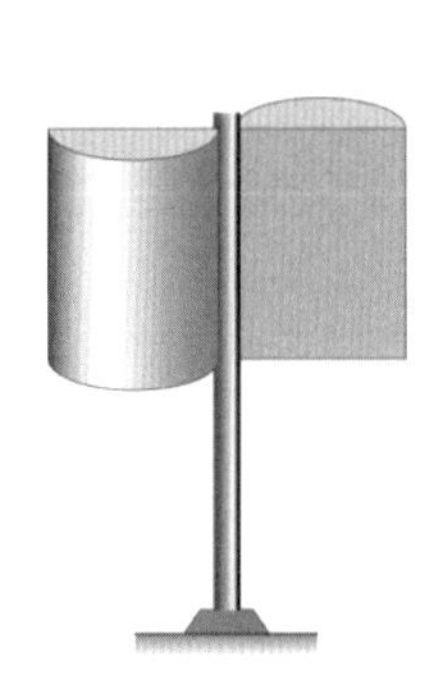

(a)達力亞斯風機　　(b)沙波扭風機

圖 4-3　垂直軸風機

（三）風機速度分類

1. **高速型風機**：屬於揚力型風機，其機翼切線方向的速度通常設計高於風速的 5～10 倍，以增大其輸出功率。

2. **低速型風機**：屬於抗力型風機，其機翼切線速度低於風速。

由於水平式風機與垂直式風機各有不同之特性，以下就分別敘述二者之不同特點。其實體如圖 4-4、圖 4-5 所示。

圖 4-4　水平風力機

圖 4-5　垂直風力機

三、風機設計原則

（一）設計考量方面

水平軸風力機的葉片設計普遍採用的是動量－空氣動力學，主要參考的方法有 Glauert、Wilson 法等；而忽略各葉片之間流動干擾，基於風力機原理中，葉片外形設計，直接影響風力機風能利用率，是無法單靠理論得出準確結果的。

然而垂直軸風力機，採用計算流體力學(Computational Fluid Dynamics, CFD)軟體，可模擬不同外形下的複雜流動，設計垂直軸風力機的葉片，從設計方法上，垂直軸風力機要比水平軸先進。

（二）風能利用率方面

由於在實際環境中風向是經常變化的，水平軸風力機迎風面不可能始終對著風，這就引起了對風損失；垂直軸風力機則不存在這個問題，因此在考慮了對風損失之後，垂直軸風力機的風能利用率可能超過水平軸風力機。

（三）起動風速方面

依據空氣動力學，對風力機採行風洞實驗，起動風速一般在 4～5 公尺／秒之間，而垂直軸風力機起動風速只需要 2 公尺／秒。因此在起動風速方面，垂直軸風力機要比水平軸風力機更具優勢。

（四）整體結構方面

水平軸風力機的葉片，在旋轉一周的過程中，受慣性力和重力的綜合作用，慣性力的方向是隨時變化的，而重力的方向始終未變，這對葉片的疲勞強度有較嚴重傷害。水平軸風力機都安置於幾十公尺的高空中，其安裝和維護檢修帶來很多不便。

至於垂直軸風力機，其慣性力與重力的方向始終不變，所受的是恆定負荷，因此壽命要比水平軸長，其發電機可放置於較低處或是地面，方便安裝維護。

（五）環保方面

水平軸風力機，其高速葉片切割氣流，將產生較大的氣動噪音，同時，許多鳥類在這樣高速旋轉下也很難倖免。垂直軸風力機於低速運轉，原則上不產生氣動音，可以達到靜音的效果，從前由於噪音問題不能使用風力發電機的場合，現在能夠有效的運用垂直風力發電機來解決，因此，垂直軸風力機比水平軸有更廣闊的應用領域。

4-2 風能發電系統架構

一、風力發電運轉型態

目前風力發電系統運轉型態可分為：市電併聯型(Grid connected)、獨立型(Non-grid connected)及混合型(Hybrid)等三種，分別敘述如下：

1. **市電併聯型**：係將風力發電系統併聯於市電者，基於輸出電力可逆送至市電系統，是目前風力發電系統的主流。
2. **獨立型**：係指不與市電併聯的系統，主要是應用於電力系統不普遍的地區，由於受到風力不穩定的影響，而無法建構可靠度良好之系統，為解決此一問題，通常與柴油機、太陽光電系統等，形成混合運轉系統。
3. **混合型**：係指風力發電系統與其他型態發電系統組合的發電系統。

二、風力發電系統之結構

風力機主要是由以下元件所組合而成（如圖 4-6 所示），分別敘述如下：

1. **發電機**：將機械能轉換為電能，一般分為直流發電機、交流發電機（包含感應式發電機與同步發電機）。
2. **葉片**：受到氣動作用，將風能轉換為機械能，其相關分類有轉部型式（水平軸或垂直軸）、轉部配置（上風式或下風式）、葉片數（以 2 片或 3 片為主，越多速度越慢，越少速度越快），葉片係經由輪殼與主軸連結，由金屬或 FRP 材料所製成，目前的主流為 FRP。對於二葉式因噪音較大，不適合陸地型裝設，適合於離岸大型風機使用。

3. **機艙**：包覆發電機與機電控制。

4. **增速器**：藉由齒輪來提高轉速以帶動發電機旋轉。

5. **煞車系統**：主要控制停機或減速。

6. **轉向系統**：主要是利用轉動機艙以調整至葉片垂直風向。

7. **控制系**：控制機組轉速、溫度、電流、電壓、發電量停機及警報，以確保系統安全運轉發電。

8. **塔架**：係指風機及機艙的支持物，目前大型風機都使用鋼柱，為避免塔下方風所造成的後流所產生的噪音問題，大部分風機都使用上風型風機。

9. **輸配電系統**：藉由電纜線將電能連接至變電站，並且連接至電力系統上。

10. **監控系統**：利用遙控設備，有效控制電力。

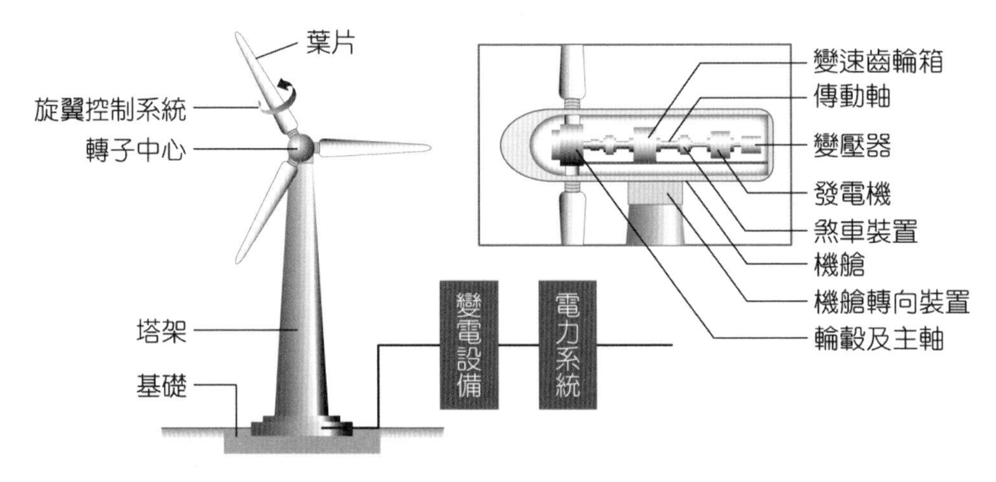

圖 4-6　風力機示意圖

三、風力發電系統型態

藉由風能轉換成電力的發電機，一般有激磁繞組同步發電機(Synchronous generator)、永磁式同步發電機(Permanent-magnet generator)以及感應發電機。一般感應發電機應用於風力機最為普遍，但近些年來由於變頻與整流技術日漸提升，可以將發電機輸出之可變化之電壓及頻率，透過功率轉換器，轉換為與系統相同頻率，因此同步發電機也已經逐漸應用到風力發電系統中，例如最新型之無齒輪(Gearless)風力機，直接驅動同步發電機，輸出經由交流－直流功率轉換器(AC-DC converter)將其轉換成直流之後，再利用直流－交流功率轉換器(DC-AC converter)轉換成商用頻率後送至電力系統。以下將介紹不同風力發電之發電類型。

(一) 同步風力發電機

此類之發電機組不需裝設齒輪箱，可以有效減少噪音及機械磨損。當風速過大時，可藉由葉片旋角控制葉片受風角度，降低葉片之受風面，達成額定安全之運轉。如圖 4-7 所示。

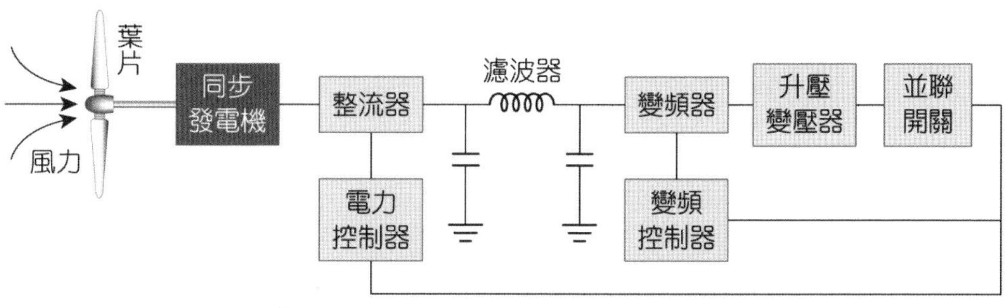

圖 4-7　同步風力發電機之控制圖

(二) 感應型風力發電機

藉由感應型發電機的轉矩對轉速特性得知，如果感應電機由原動機驅動使其轉速大於同步機轉速，即轉差率為負值，則其感應轉矩方向相反，為發電機模式。一般利用齒輪箱連接至轉子葉片，使得發電機速度和系統頻率一致。如圖 4-8 所示。

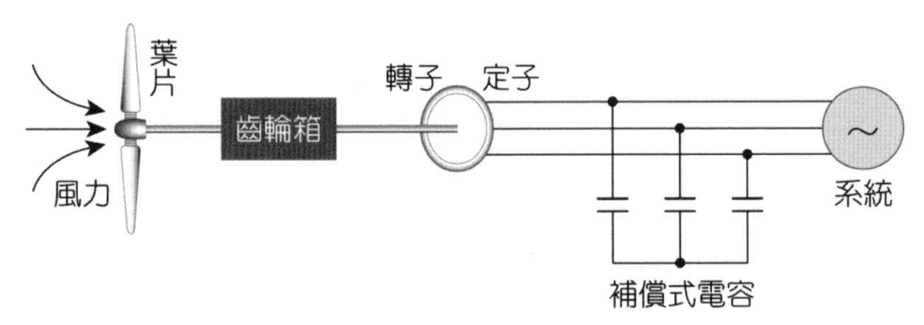

圖 4-8　感應型風力發電機

四、風力發電功率轉換器

(一) 升壓型直流－直流功率轉換器

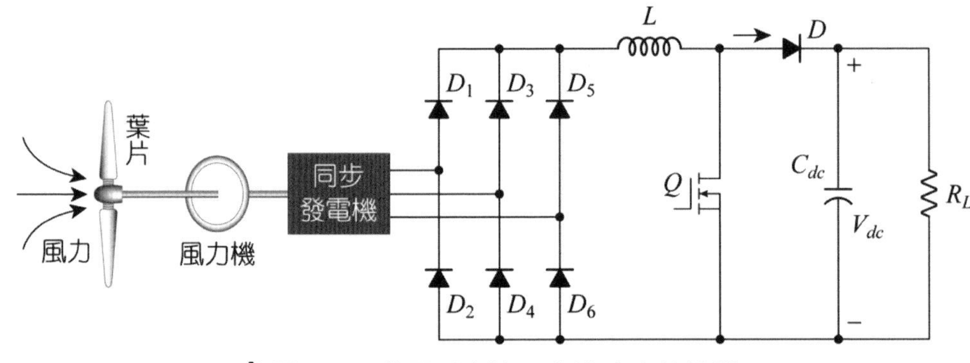

圖 4-9　升壓型直流－直流功率轉換器

如圖 4-9 所示，電路經由同步發電機所發出之三相電力，通過六顆二極體整流器將交流電整流成直流源，再利用升壓型直流－直流功率轉換器，作為風力機之功率與電壓之轉換。

（二）風力機直流－交流功率轉換器

接續圖 4-9 之直流－直流轉換電路，再連接三臂式之直流－交流功率轉換器，以作為電源轉換三相交流電源之用。利用六顆 IGBT 完成三相反相器電路，如圖 4-10 所示。

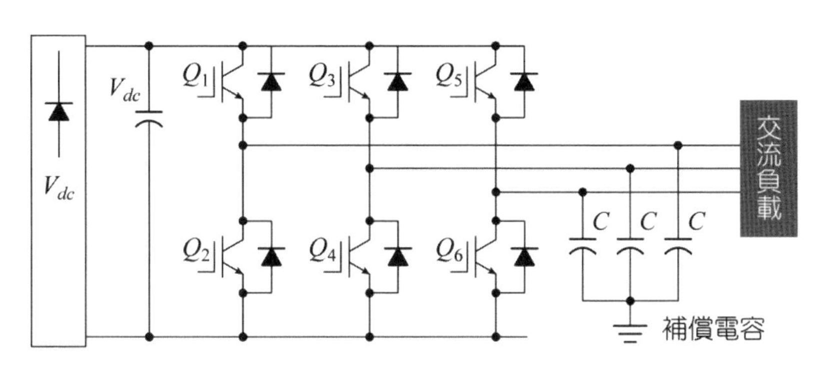

圖 4-10　直流－交流功率轉換器

五、風力機之控制與保護系統

風力機多重保護功能之安全系統包括：

（一）主動式：傾角控制、轉向控制、煞車控制…。

（二）被動式：葉片失速、電磁煞車、尾翼轉向…。

（三）保護系統相關的各個感測器(Sensor)與解碼器(Encoder)。

（四）監控／運動邏輯與保護系統間的關係。

（五）控制功能可控制或限制以下之功能或參數：

1. 電力。

2. 轉子速度。

3. 電力負載之連接。

4. 啟動與關機程序。

5. 電纜扭曲。

6. 風向對齊。

（六）風力機保護功能應在下列情況啟動：

1. 超速運轉。

2. 發電機超載或故障。

3. 過度震動。

4. 電纜異常扭曲。

（七）風力發電之輸出功率

$$P_{out} = \frac{1}{2} \times \rho \times \pi \times R^2 \times V^3 \times C_p \times \eta_{mech} \times \eta_{Gen} \times \eta_{inv}$$

（P_{out}：風力機輸出功率，C_p：風阻係數，ρ：空氣密度，η_{mech}：原動機效率，R：葉片半徑長，η_{Gen}：發電機效率，V：風速，η_{inv}：反相器效率。）

4-3 風力發電之應用與發展

由於風力發電可以完全避免排放造成溫室效應之二氧化碳，也不致於產生與石化燃料或者是核能發電相關的汙染物。自從 1997 年關注全球溫室氣體重要環保公約的《京都議定書》簽訂後，對於減少溫室氣體排放的一系列具體目標已落實到每一地區和國家，進而轉化成增加包括風能在內之再生能源占有比例的目標。

風力發電一直都是全球成長最快速之能源，全球風力機組裝置容量截至 2004 年底已突破 47,616 MW，共計有 50 多個國家利用風力發電。依據專家評估，風力發電在所有新電力生產資源中，勢將提供最廉價之電力，於 2020 年風力發電已占全球電力總需求量之 12%。

首先談及國外發展風力發電頗具成效之工業國家，包括德國、西班牙、丹麥及美國，而開發中國家則以印度居首。另外已經有十多個國家計畫在北歐附近海域興建容量超過 20,000 MW 之離岸型風力發電場，顯見離岸風電之市場也正在崛起。2018 年離岸風電全球新裝置容量約為 4,496MW，全球總裝置容量累計 23,140MW，其中 79%位於歐洲。

自從 1990 年以來，德、日等國在再生能源應用上取得卓越成就，其成功之重要因素包括：

1. 長期推動再生能源之承諾。
2. 有效率且政策具有一貫性。
3. 補助金額逐年減少。
4. 強調政府不僅要研發，而且要有市場開拓之決心。

至於國內有關風力發電部分，經濟部能源局 2000 年 3 月公布《風力發電示範系統設置補助辦法》，獎勵民間投資，並且設置 3 座示範系統，包括臺塑雲林麥寮 4 臺 660 kW 風機，臺電澎湖中屯 4 臺 600 kW 風機，以及竹北天隆紙廠 2 臺 1.75 MW 風機，總裝置容量為 8.54 MW，已經初步達成國內風力發電實務應用之風潮。

基於澎湖風力資源甚佳，頗具有發電之經濟之效益，臺電在同一廠址另增設 4 臺 600 kW 風機，於 2004 年底併聯商業運轉。

臺電公司已規劃「風力發電 10 年發展計畫」，計畫在臺灣西部沿海風能資源豐富地區優先辦理，在未來 10 年內設置 200 臺風力發電機或總裝置容量 300 MW 以上為目標；臺電公司也進行有關離岸風力之規劃研究。截至 2019 年底，臺灣風力發電累計裝置量為 84.52 萬瓩(845.2MW)，2019 年風力發電量為 17.225 億度(1,722.5GWh)。

另外，亦有不少民間業者積極投入風電應用之規劃裝置，例如德商英華威公司、臺灣機械運輸公司與臺塑重工等已陸續在桃竹苗、中彰、雲嘉南以及屏東濱海地區開發大規模風力發電場。

據推估，取每 kW 裝置容量年平均電能產出 2,500 kWh 為基準，則每年總產出電力約 3.75×10^9 kWh，換算成二氧化碳減少排放約 210～232 萬噸。若以風機約為 20 年使用壽命推算，則二氧化碳總體可減少排放約 4,200～4,650 萬噸。

因此風力發電之特性如下所述：

1. **風力能源永不耗竭**：風力能擷取的是大自然的風能，藉由太陽光的照射產生溫度差，而有風的產生，只要太陽及地球仍然在正常運行，風力能就無匱乏之虞。
2. **風力發展無汙染**：風力發電不會排放二氧化碳及汙染物質，更沒有放射性物質的困擾，是一項非常潔淨的能源。
3. **風力發電是自產能源**：風力是憑藉大自然風而產生的能源，不用進口，是道地的自產能源，可以有效減少對石油的依賴，促進能源多元化，具有戰略與經濟層面的意義。
4. **風力發電是輔助性能源**：風能來自大自然，受到環境的影響，會有時大時小的現象，因此風力發電僅能做輔助性能源，無法完全取代傳統發電。

5. **風力發電具有分散性特性**：風力機可分散設置在各地區風場上，減少輸電線路損失，並可滿足區域的尖峰負載，降低供電成本。

6. **風力發電具觀光價值**：根據歐洲國家之調查統計，設置風力發電，將使當地風景更具特色。

一、風力機設計理論

對於大型風力機組之設計，在機械應力及電力變化須加以限制與抑制，因此變速控制是唯一的選擇。想產生穩定的高電力品質，藉由IGBT(Insulated Gate Bipolar Transistor)電力電子與電網併接技術，更是關鍵之影響因素。另外可利用主動式迎風控制和馬達驅動式旋翼控制設計，以達到簡化系統組作數量與發電效益提升。

一般風力機發電系統可分為兩類，一類是併網型，另一類是獨立型風力發電系統。至於風力發電技術研發趨勢為單機容量增大，塔架高度提升、先進的控制技術以及海上風力發電之發展。

二、大型風力機之設計原理

依據風力機葉片的空氣動力特性，其中風能轉換效率 D_P 是葉片尖速比 λ 和葉片轉槳角 β 的函數，如公式 4-1：

$$D_P = f(\beta, \lambda) \qquad [\,4\text{-}1\,]$$

（ D_P ：風能利用係數， β ：轉槳角， λ ：尖速比。）

$$\lambda = \frac{\omega_m \times R}{v} \qquad [\,4\text{-}2\,]$$

（ ω_m ：風力機的機械轉速(rad/s)， R ：葉片半徑(m)， v ：迎風面的風速(m/s)。）

由於風力機的設計可分為恆速恆頻發電機與變速恆頻發電機兩類，恆速恆頻發電機幾乎不改變 ω_m 而風速 v 是不斷變化的，也就是說尖速比 λ 值是不斷變化，而無法一直保持在最佳值運轉，因此，恆速恆頻發電機都處在低效率的狀況下運轉。至於對變速恆頻發電機正可改善這項缺點，當風速變化時，風力機的機械轉速 w_m 正比於風速變化，以保持最佳風能利用係數 D_P，獲得風能最大利用效果。風力機輸出的機械功能 P_m，如公式 4-3 所示：

$$P_m = 0.5 \times \rho \times A \times v^3 \times D_P(\theta, \mu) \quad [4\text{-}3]$$

（ρ：空氣密度(Kg/m^3)，A：迎風面積(m^2)，v：迎面風速(m/s)，$D_P(\theta,\mu)$：風能利用係數。）

三、風力發電機種類

一般風力發電機類型可以依照轉輪的構造及運轉特性來區分，說明如下：

（一）依轉輪構造分類

風力機依據轉輪的結構及其在氣流中心的位置，大體上可分為兩大類，一為水平軸風力機，用於併網發電的電力發電機，以三葉片為主。另一為垂直軸風力機。

（二）依運轉特性分類

1. 感應發電機

感應發電機具有構造簡單、可靠性高、成本低廉以及不需要獨立的磁場繞組之優點，因此許多風力發電機使用感應發電機。當感應機轉速大於同步轉速時，感應此時向定子端輸送功能，感應機為發電機運轉；相反的，感應電動機轉速小於同步轉速時，感應機此時由定子端獲得功率，感應機則為電動機運轉。

2. 交流發電機

大型發電機皆使用此機種，其激磁磁場由轉子的激磁線圈產生，電樞磁場則由定子上的三相繞組線圈所構成。由原動機帶動轉子的磁場繞組，此轉子磁場將使定子的電樞繞組感應出三相交流電源。於一定的轉速下，輸出電壓有一定頻率的交流電機，稱為同步發電機。

3. 永磁式發電機

此機種是轉子採用永久磁鐵來提供激磁磁場，稱為永磁式發電機。其輸出電壓隨風力機轉動速度而改變，且頻率亦因轉速不同而變化，因此無法固定頻率。比較能應用於小型風力發電機上。

4. 盤式無鐵心發電機

它屬於一種軸向磁通形式的發電機，在定子部分只有線圈沒有鐵心，在轉子中的磁場線圈由永久磁鐵代替，因此縮小了發電機的體積。

四、風力發電併聯市電技術要點

1. **故障電流**：系統三相短路電流應小於 10 KA，否則需裝置限流設備或改接其他線路。
2. **電壓變動**：發電設備併聯於 69 KV（含）以上輸電系統者，其正常電壓變動率應維持在 ± 2.5% 以內；發電設備併聯於 22.8 KV（含）以下配電系統者，其正常電壓變動率應維持在 ± 5% 以內；至於感應發電機型者，併聯時電壓瞬間突降不得超過 10%。

3. **系統穩定**：若連接於161 KV特高壓輸電系統者，暫態穩定度需符合臺電公司輸電系統規劃準則。

4. **諧波管制**：系統所產之諧波汙染限制應依照臺電公司「電力系統諧波管制暫行標準」執行。

5. **功率因數**：發電設備與臺灣公司之責任分界點的功率因數，日間(8:00～21:00)應維持在 85%滯後至 100%之間（若為感應發電機，其超前功因大於等於 95%）；深夜期間（21:00～次日 8:00）及例假日、國定假日保持 100%為原則。

EXERCISE

選擇題

( )1. 風力發電是屬於再生能源，當地居民卻出現反彈的聲浪，下列哪一項是引發的原因？ (1)產生噪音 (2)擔心紫外線 (3)效率低 (4)以上皆非。

( )2. 風能是擷取風車葉片吸引風的動能，然後傳到旋轉軸帶動發電機發電，是根據何種理論分析？ (1)歐姆定理 (2)克希荷夫定理 (3)貝兹的氣體動力學理論 (4)安培定律。

( )3. 再生能源其中的太陽能及風能，因季節、時間、氣候變化，無法提供穩定電力，其有效因應措施為下列何者？ (1)風光搭配，季節互補 (2)限電 (3)提高電價 (4)鼓勵私人企業投資。

( )4. 離岸風機設計之結構標準 (1)可抗風速 57 公尺／秒 (2)20 公尺／秒 (3)10 公尺／秒 (4)5 公尺／秒。

( )5. 下列何者不是發展離岸風電的好處？ (1)提供潔淨電力 (2)減少碳排放量 (3)提升能源自主 (4)減少海浪侵襲。

( )6. 風的形成何者有誤？ (1)由化學反應造成 (2)地球受太陽輻射熱吸收及自轉效應而引起空氣的環流 (3)溫度的差異造成空氣的流動 (4)以上皆非。

( )7. 風速的大小採用何種標準表示？ (1)流量計數表 (2)壓力計量表 (3)水平計量表 (4)蒲福氏風級表。

( )8. 風能特色敘述何者有誤？ (1)風是非自然形成的 (2)風是免費的 (3)取之不盡用之不竭的能源 (4)提升能源自主性。

( )9. 風力發電系統中何者設備是包覆發電機與機電控制？ (1)塔架 (2)葉片 (3)機艙 (4)監控系統。

EXERCISE

問題與討論

1. 風是如何產生的？用何種指標來表示風力強弱？
2. 試述風力發電的基本原理。
3. 風車之型式共有幾種？分別具有哪些特色？
4. 風機之重要結構有哪些？
5. 試繪製風力發電系統圖。
6. 風力發電之效益有哪些？
7. 試述一般風力機運轉之條件。
8. 試述規劃風場之考慮條件有哪些？
9. 風力發電由於受到風力大小，而影響其發電量，屬於不穩定發電狀態，與電力系統併聯只能作輔助電源，無法成為主力電源，試分析如何改善風力發電的狀況。
10. 5kW 水平式風機，其額定風速為 12 m/s，試計算風機葉片半徑？（假設葉片效率為 35%，空氣密度為 1.18 Kg/m^3，其他效率定為 1，但機械效率＝發電機效率＝反相器效率＝0.95 $\eta_{mech}=\eta_{Gen}=\eta_{inv}=0.95$）

燃料電池

5-1 燃料電池之發展史及運作原理

一、燃料電池之發展史

燃料電池(Fuel cell)，它是一個跨多方面領域知識的產物，1839年由英國的 Grove 所發明，在實驗中，是以稀硫酸之溶液中放入兩隻白金箔，在其中一端供給氫氣，另一端供應氧氣，如圖 5-1 所示。其化學變化，有氫氧離子以及電子之產生，電子受到電解質之排斥，因此電子自外電路自成迴路，而有電能產生。

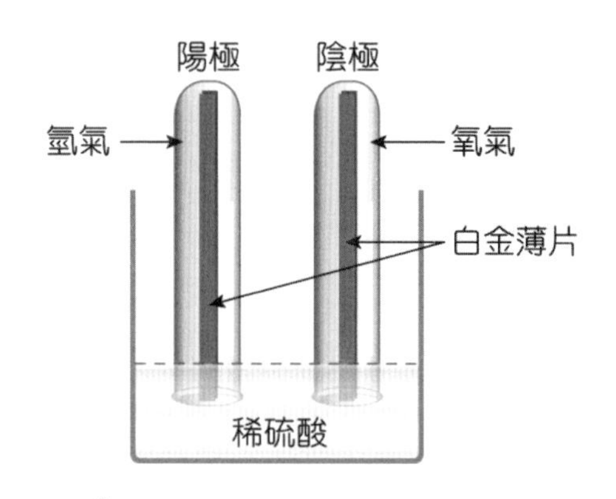

圖 5-1 Grove 之燃料電池

由於十九世紀內燃機崛起，使用石化燃料，迫使燃料電池研究發展受到阻撓而淡漠。到了 1932 年，英國培根發展雙孔電極，採用鎳為電極，並以氫氧化鉀作為電解質，研發出第一個鹼性燃料電池(Alkaline Fuel Cell, AFC)。

1959 年製作出一個 5 kW 的燃料電池組。1962 年運用聚苯乙烯離子交換膜作為電解質，應用於太空任務中。1972 年杜邦公司開發出燃料電池專用的高分子電解質隔膜(Nafion)。1993 年加拿大巴拉德動力系統公司研發出全世界第一輛以質子交換膜燃料電池(Proton Exchange Membrane Fuel Cell, PEMFC)為動力之車輛。到了二十一世紀，由於暖化現象日趨嚴重，為減少溫室氣體排放，潔淨能源開發研究更顯得重要，尤其以氫能源為主的燃料電池，應用於汽車、住宅、商場、醫院與工廠上，即將是未來的主流能源。

而於 2015 年，豐田汽車也正式推出性能優異的氫能車，帶動未來進入氫經濟的潮流。

二、燃料電池之操作原理及主要結構

燃料電池係一種藉著電化學反應，直接利用含氫燃料和空氣中的氧氣，分別從陰陽兩電極進入，而兩個電極則為具有滲透性的薄膜所構成。經由化學變化後，在陽極之氫原子分解為兩個電子(Electron)與兩個氫質子(Proton)，其質子被氧吸引到薄膜的另一邊，電子則經由外電路形成電流，流至負載與陰極，最後排放水，其原理如圖 5-2 所示。

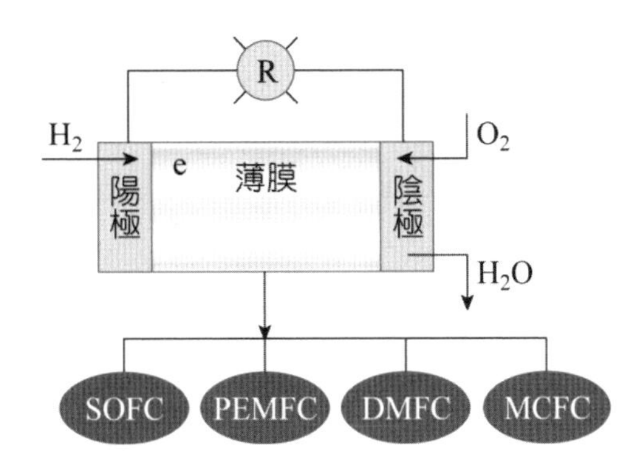

圖 5-2 燃料電池之操作原理

燃料電池主要結構，說明如下：

1. **電極(Electrode)**：是燃料氧化與還原的電化學反應發生的場所，可分為陽極(Anode)和陰極(Cathode)兩部分。高溫型燃料電池以 SOFC 的 YSZ（含氧化釔的氧化鋯）、MCFC 的氧化鎳作為電極材料；低溫型燃料電池如 PEMFC 之電極是由氣體擴散層結合一層觸媒材料所組成，而觸媒層以鉑為主。
2. **電解質隔膜**：其功能主要為分隔氫與氧氣並同時傳導離子。
3. **雙極板(Bipolar Plate)**：具備有吸收電流，疏導反應氣體，以及分隔氧的作用。

5-2 燃料電池之種類及特性

ECO FRIENDLY TECHNOLOGY

燃料電池主要元件包括：陰極、陽極、高分子薄膜、電解質、雙極板或連接器，一般燃料從陽極以氣體型態進入，產生氧化反應並釋放出電子，電子從陽極端經由外部迴路傳至陰極，同時供應能量至負載；空氣從陰極進入，經由陰極觸媒的催化作用，發生還原作用，將氧氣還原為氧離子，與氫離子結合為水，並藉由雙極板或組件串、並聯，如此將可製備不同種類之燃料電池。目前常用之燃料電池種類有如下所述：

一、質子交換膜燃料電池(Proton Exchange Membrane Fuel Cell, PEMFC)

質子交換膜燃料電池(PEMFC)於低溫的環境下操作，並使用高分子固態電解質，能應用在移動式電源與分散式電源上，例如汽車產業、電子3C 產業與住宅用電等。是目前所有燃料電池種類中，最熱門的一種。

質子交換膜燃料電池的核心元件包括膜電極組(Membrane Electrode Assembly, MEA)、氣體擴散層(Gas diffusion layer)與導電雙極板(Bipolar plate)。然而膜電極組是由觸媒電極和質子傳導膜組裝而成。它是一種潔淨與高效率發電的電池，同時具有低汙染排放特性；目前極待克服的是電池壽命的延長及製造成本的降低。其電化學反應如下：

陽極半反應：$H_2 \longrightarrow 2H^+ + 2e^-$

陰極半反應：$O_2 + 2H^+ + 2e^- \longrightarrow H_2O$

電池總反應：$2H_2 + O_2 \longrightarrow 2H_2O$

如圖 5-3 為 1.2kW PEMFC 之實體圖，圖 5-4 為 30W PEMFC 之實體圖。

圖 5-3　1.2kW PEMFC 之實體圖

圖 5-4　30W PEMFC 之實體圖

二、直接甲醇燃料電池(Direct Methanol Fuel Cell, DMFC)

直接甲醇燃料電池(DMFC)也是屬於低溫型，是使用液態或氣態甲醇(CH_3OH)為燃料之燃料電池；在陽極觸媒處直接從液態甲醇抽離出氫氣，經由電解質高分子薄膜，擴散至陰極，而後此氫原子與氧反應結合成水和少許的二氧化碳。其電化學反應如下：

陽極半反應： $CH_3OH + H_2O \longrightarrow CO_2 + 6H^+ + 6e^-$

陰極半反應： $6H^+ + \frac{3}{2}O_2 + 6e^- \longrightarrow 3H_2O$

電池總反應： $CH_3OH + H_2O + \frac{3}{2}O_2 \longrightarrow CO_2 + 3H_2O$

三、熔融碳酸鹽燃料電池(Molten Carbonate Fuel Cell, MCFC)

這是一種採用熔融態之碳酸鋰／碳酸鈉($LiCO_3/Na_2CO_3$)作為電解質的燃料電池，在電解質中碳酸根離子從陰極移動至陽極，燃料電池工作溫度為 600～800°C，屬於高溫型電池。其燃料可來自氫氣、天然氣、丙烷、沼氣、柴油及氣化之煤炭氣體等。MCFC 之電化學反應如下：

陽極半反應：$H_2 + CO_3^{2-} \longrightarrow H_2O + CO_2 + 2e^-$

陰極半反應：$O_2 + CO_2 + 2e^- \longrightarrow CO_3^{2-}$

電池總反應：$2H_2 + O_2 \longrightarrow 2H_2O$

四、固態氧化物燃料電池(Solid Oxide Fuel Cell, SOFC)

固態氧化物燃料電池係由全固態結構組成，所使用之電解質為一種固態且多孔性之金屬氧化物，金屬氧化物摻有氧化釔(Y_2O_3)之氧化鋯(ZrO_2)。電化學反應為氧離子從陰極傳送至陽極，而陰極處之CO全部轉換為 CO_2 ，其特性為高溫大容量，此種燃料電池工作溫度為 800～1,000°C。電化學反應式如下：

陽極半反應：$H_2 + O^{2-} \longrightarrow H_2O + 2e^-$

陰極半反應：$CO + O^{2-} \longrightarrow CO_2 + 2e^-$

$O_2 + 4e^- \longrightarrow 2O^{2-}$

電池總反應：$O_2 + H_2 + CO \longrightarrow H_2O + CO_2$

SOFC 採用在高溫下具有傳遞氧離子(O^{2-})能力的固態氧化物——氧化鋯（摻入氧化釔）為電解質，以氫氣、天然氣、煤氣作為陽極燃料氣體，以空氣中的氧氣作為陰極氧化劑。

我國在 2012 年建造一臺 520kW 氫能示範運轉裝置，作為電信基地臺備用電力，亦可作分散式發電。

5-3 燃料電池發電系統

燃料電池是由陰陽極端、膜電極組、雙極板等所組成，藉由陽極供應燃料，氧由陰極進入，使其產生化學反應，由化學能而轉換為電能。在這能量轉換的過程中，必須使用功率半導體元件作為電路的切換，其燃料電池電能轉換之流程圖如圖 5-5 所示。

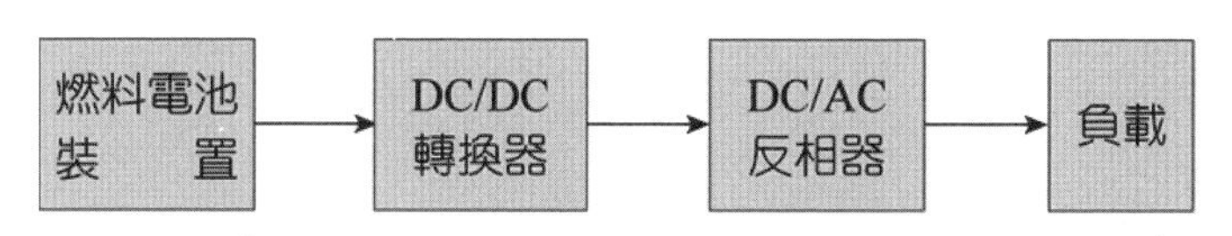

圖 5-5　燃料電池發電系統流程圖

電力電子轉換器

1. 交流／直流：整流器。
2. 直流／直流：截波器、降壓轉換器、升壓轉換器、升降壓轉換器。
3. 直流／交流：換流器。
4. 交流／交流：交流相位控制器、整數波控制器、換頻器。

能量轉換裝置採用電力電子元件金氧半場效電晶體(MOSFET)，以及閘極絕緣雙接面電晶體(IGBT)，首先針對 DC/DC 轉換器說明如下：

一、燃料電池轉換器

(一) 非隔離型轉換器

1. 降壓型轉換器(Buck converter)

降壓型轉換器電路如圖 5-6 所示，其動作原理分析如圖 5-7 所示。

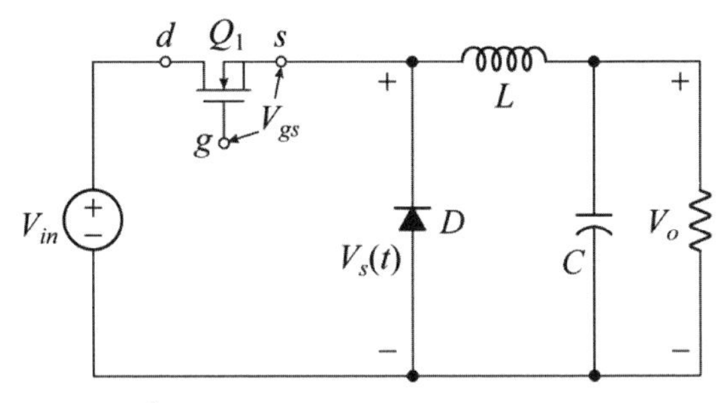

圖 5-6　降壓型轉換器電路

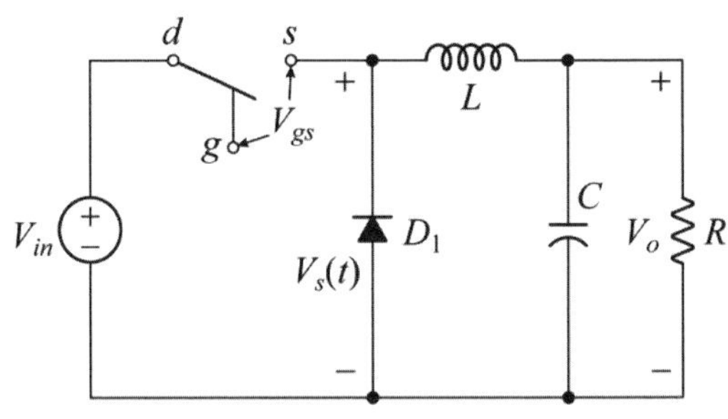

圖 5-7　Buck 之動作分析電路

平均輸出電壓：$V_o = DV_{in}$，$D = \dfrac{V_o}{V_{in}}$

（V_o：輸出電壓，V_{in}：輸入電壓，D：(duty ratio)責任比率。）

所謂責任比率，如圖 5-8、圖 5-9 所示說明：

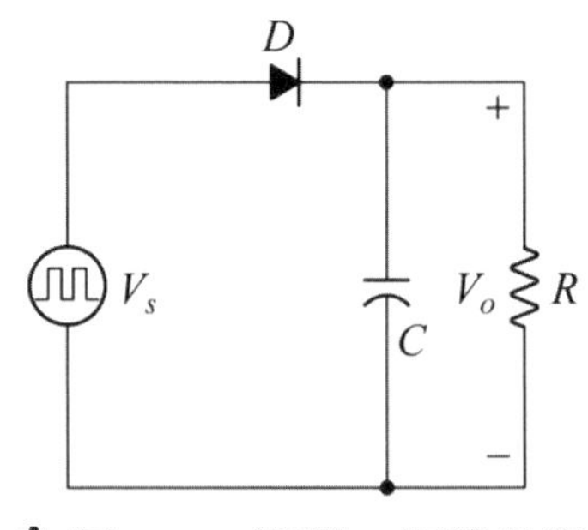

圖 5-8　簡單二極體電路

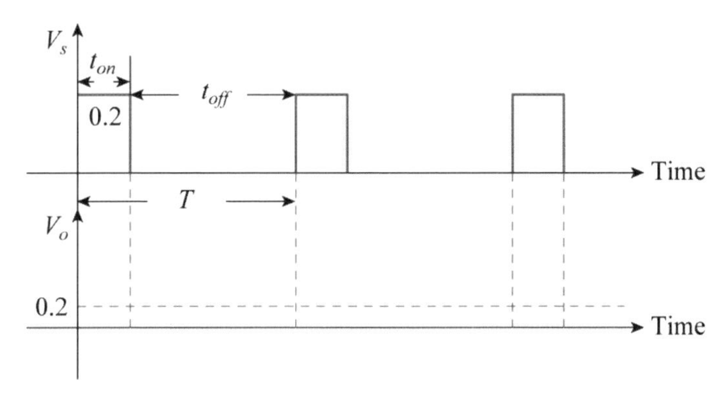

圖 5-9　電壓之變化波形圖

$$\frac{1}{f} = T = t_{on} + t_{off}$$

Duty Ratio：

$$D = \frac{t_{on}}{T}$$

至於 Buck 轉換器之切換動作原理，如下波形圖 5-10 所示。

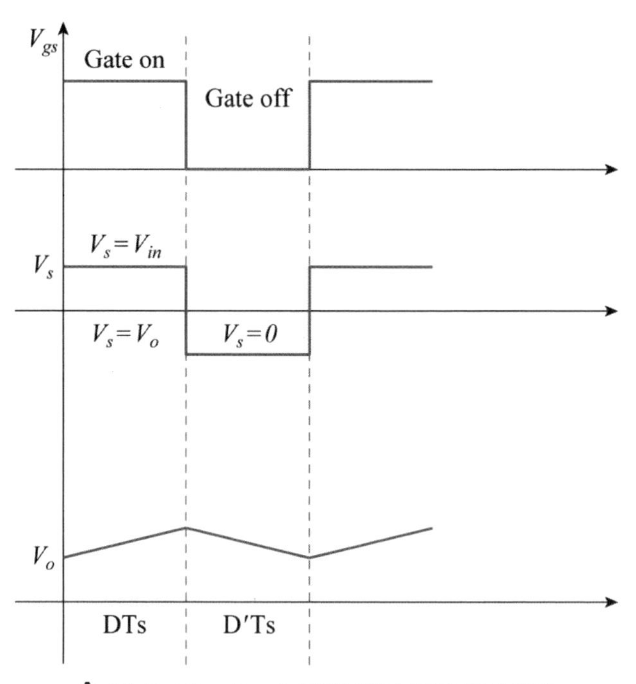

圖 5-10　Buck 轉換器之變化波形圖

2. 升壓型轉換器(Boost Converter)

圖 5-11 為升壓型轉換器，以功率半導體元件 MOS 作為切換的開關，其動作波形，如圖 5-12 所示。

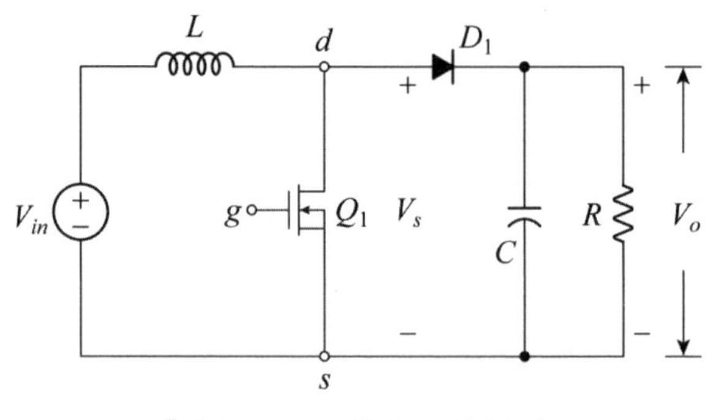

圖 5-11　升壓型轉換器

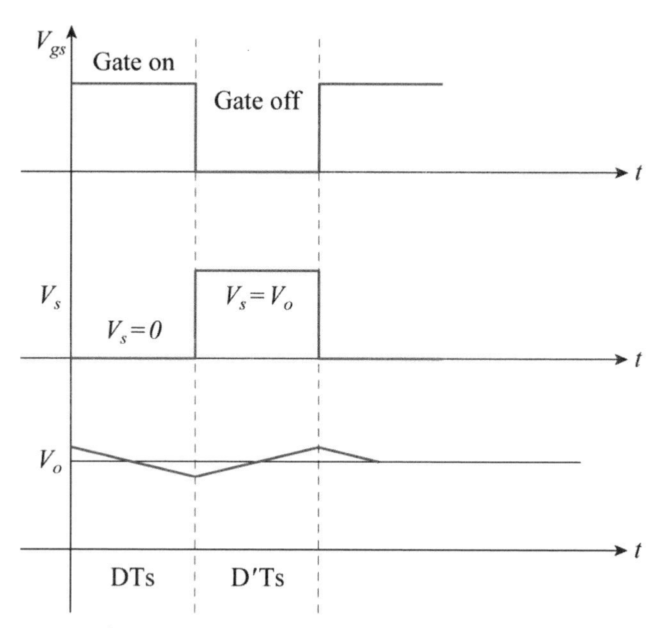

圖 5-12　升壓型轉換器之動作波形

$$V_o = \frac{1}{1-D} V_{in} \qquad (1-D<1)$$

故　　$V_o > V_{in} \rightarrow$ 升壓型轉換器

3. 升降壓型轉換器(Buck-boost converter)

關於 Buck／Boost 轉換器的電路結構如圖 5-13 所示，在電路上所使用元與件個數與 Buck／Boost 相同，卻能夠達成升降壓之雙重功能。其簡化之等效電路如圖 5-14。

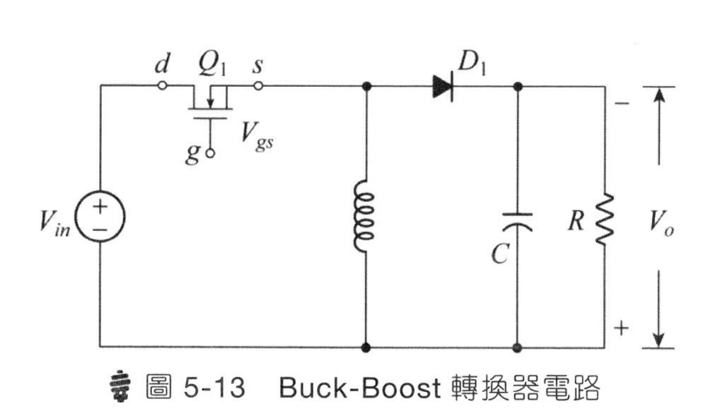

圖 5-13　Buck-Boost 轉換器電路

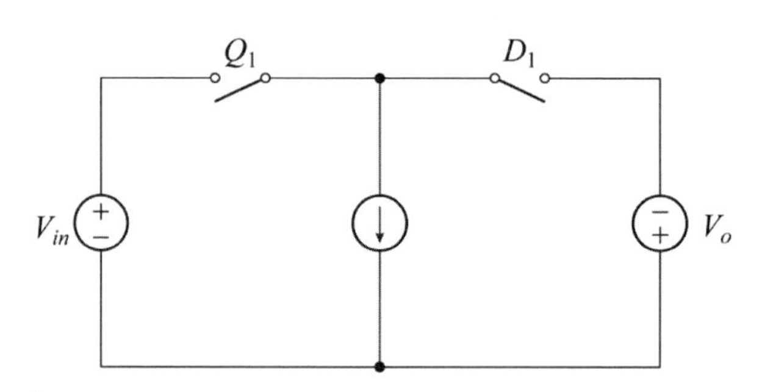

圖 5-14　Buck-Boost 轉換器之簡化等效電路

$$V_o = \frac{D}{1-D} V_{in}$$

由上式中得知，當 $D < 0.5$ 時，轉換器為降壓轉換器；當 $D > 0.5$ 時，轉換器為升壓型轉換器；當 $D = 0.5$ 時，$V_o = V_{in}$。

（二）隔離型轉換器

所謂隔離型轉換器就是在電路中加上一組變壓器，將功率開關置於一次側。

1. 返馳式轉換器(Flyback Converter)

由於 Flyback Converter 是 Buck-Boost 變化加上一組變壓器，並在變壓器的一次側連接一個功率開關而成，如圖 5-15 所示。當 Q_1 導通 D_1 截止，會將能量儲存至 L_m（變壓器 T_1 之激磁電感）；當 Q_1 截止 D_1 導通，L_m 上的能量會經由 T_1 釋放至二次側；當 Q_1 截止 D_1 亦截止，則電容器所儲存之能量釋放至輸出端。其 Flyback Converter 之電壓－電流之變化波形，如圖 5-16 所示。

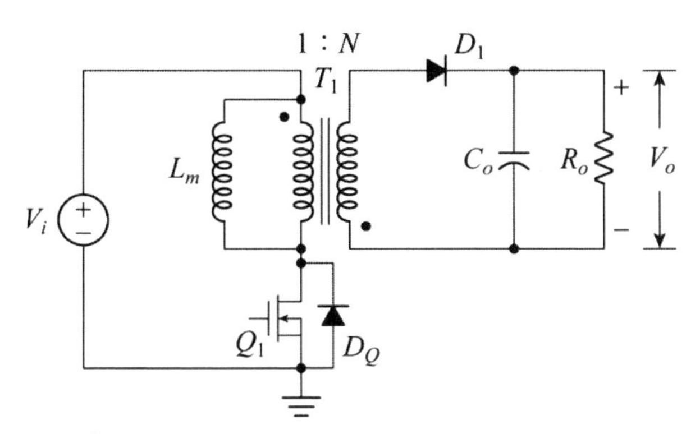

圖 5-15　Flyback Converter 電路圖

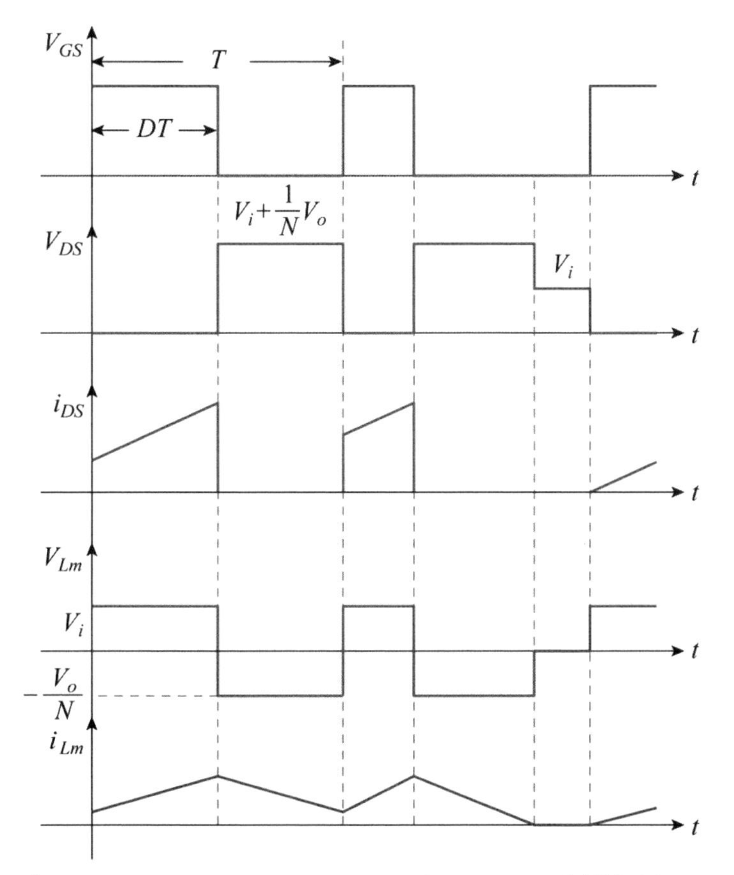

圖 5-16　Flyback Converter 之電壓－電流變化波形

2. 順向轉換器(Forward Converter)

如圖 5-17 所示為 Forward Converter 之電路圖，當 Q_1：ON，D_1：ON，D_2：off，D_3：off，使得輸入電壓 V_i 跨於 N_1 繞組，由變壓器 T_1 將能量耦合至 N_2 繞組，再經由 D_1 與 L_1 將能量傳送到輸出負載上。當 Q_1：off，D_2：ON，將使得 L_1 去磁，當 D_3：ON，將促使變壓器 T_1 的鐵心去磁。當 Q_1 未能即時導通，則電感電流 i_{L_1} 將下降至零，D_1、D_2、D_3 全部進入截止狀態，而由電容器 C_o 供應能量至負載。

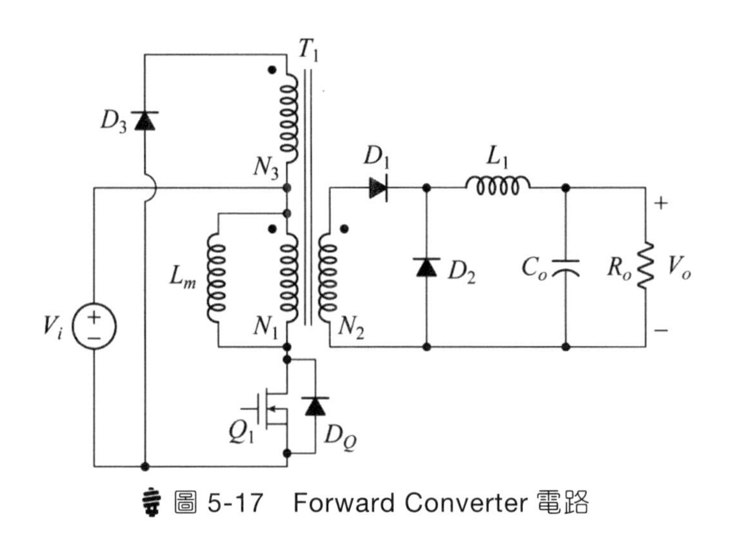

圖 5-17　Forward Converter 電路

3. 推挽式轉換器(Push-Pull Converter)

如圖 5-18 所示為 Push-Pull Converter 之電路圖，當 Q_1：ON，Q_2：off，D_1：off，D_2：ON，由於激磁電感 L_{m_1} 之電流需要連續的導通，會迫使 D_1 也導通，使得 Q_1：off，Q_2：off；當 Q_1：off，Q_2：ON 時，D_1：ON，D_2：off，經由 D_1 與 L_1 將能量傳送至負載端。

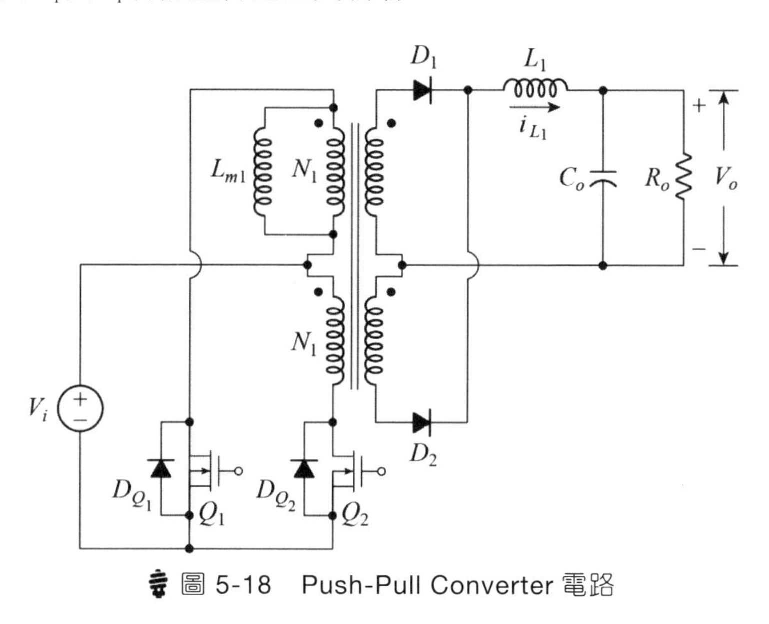

圖 5-18　Push-Pull Converter 電路

二、燃料電池反相器

一套燃料電池發電系統，藉由 DC/DC 之轉換器處理後，再經 DC/AC 之反相器(Inverter)，將其變為交流電源。本節主要針對反相器作說明：

(一) 單相反相器電路（全橋式）→電壓源

利用四顆 IGBT（閘極絕緣雙接面電晶體），組成單相全橋式反相器。其電路如圖 5-19，波形如圖 5-20 所示。

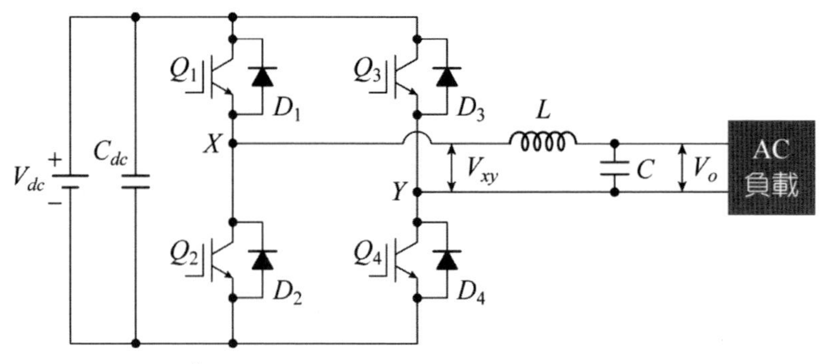

圖 5-19　單相全橋式反相器電路

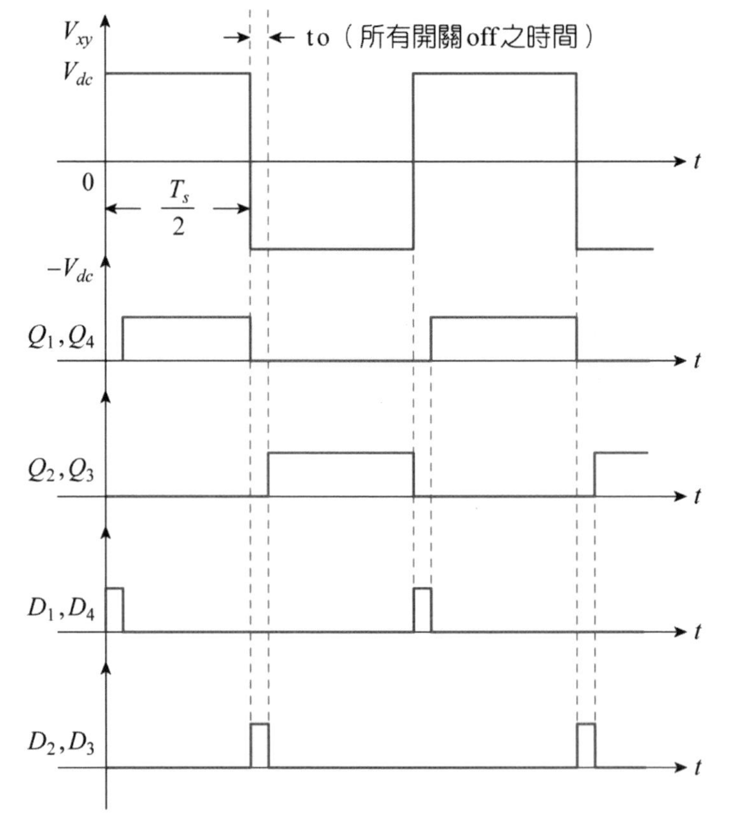

圖 5-20　全橋式單相反相器各元件動作波形

(二) 單相全橋式電流源反相器

如圖 5-21 所示，在直流源端串接一個電感器 L，就形成電流源全橋式反相器。當 Q_1，Q_4 導通，則 Q_2，Q_3 截止，當 Q_1，Q_4 截止，則 Q_2，Q_3 導通。

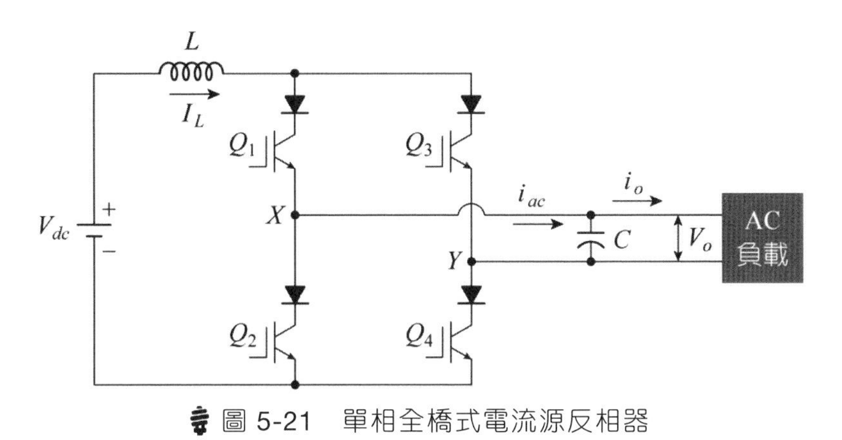

圖 5-21　單相全橋式電流源反相器

(三) 三相反相器

當燃料電池供應大電力系統，提供較大型負載作為分散電源時，採用三相系統。其所配置之三相反相器，如圖 5-22 所示。

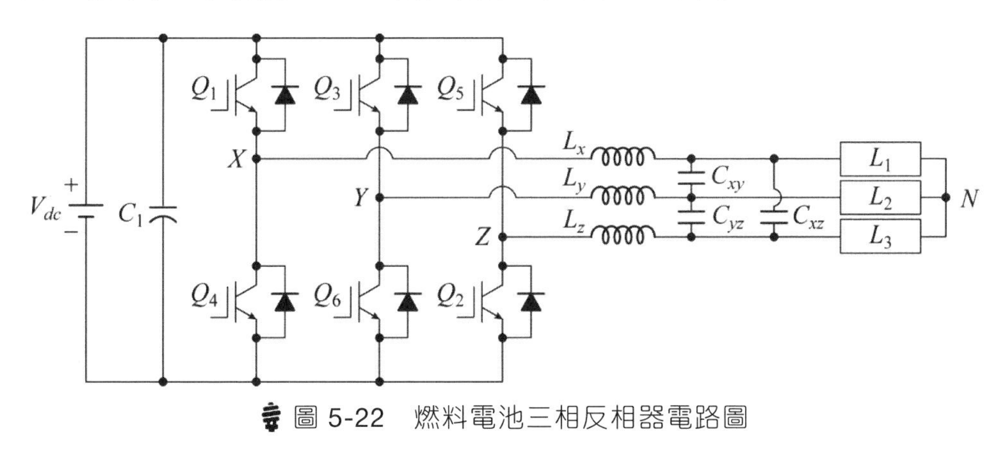

圖 5-22　燃料電池三相反相器電路圖

三、燃料電池高功率開關驅動電路

在燃料電池之各項轉換器與反相器中，一般包含主動開關、被動開關以及電感與電容等儲能元件，這些開關元件之閘極皆需要有驅動電路才能有效的工作。

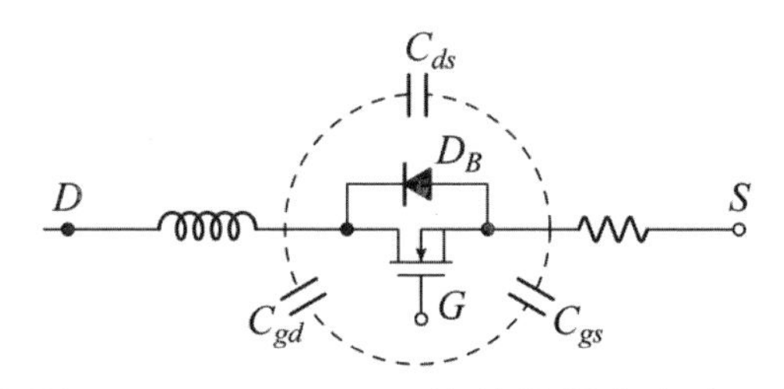

圖 5-23　NMOSFET 等效電路之寄生元件

開關的切換分成兩種狀態，從截止至導通與從導通至截止。以半導體開關元件 NMOSFET（如圖 5-23）所示，其為重要的寄生元件。寄生電容包括輸入電容、輸出電容與迴授電容，尤其在開關驅動時還會產生 Miller（密勒）效應之 Miller 等效電容。假若 Miller 電容太大會降低驅動的效果。

（一）電流放大電路

功率開關的驅動一般都必須藉由較大的電流與電壓來驅動，故無法使用 CPU 或邏輯閘的輸出直接驅動，必須藉由電流放大器電路，提供更高的電流才能驅動開關。以下說明常用電流放大器。

1. B 類電流放大器（或稱推挽式）

如圖 5-24 所示為 B 類電流放大器，該電流放大器之輸出僅有兩種狀態，分別為高準位和低準位。其切換的快慢與電流大小及切換頻率高低有關。

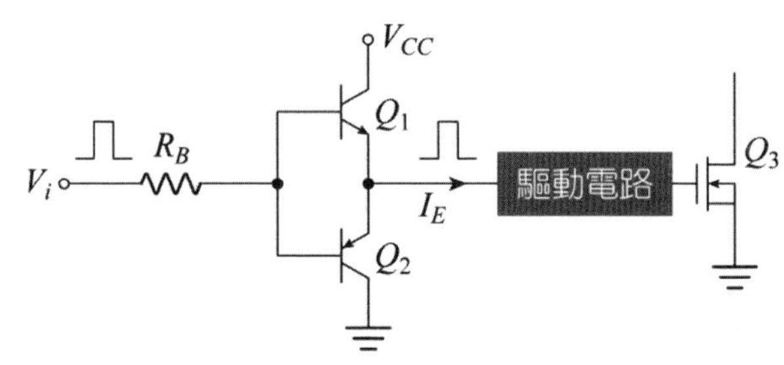

圖 5-24　B 類電流放大器電路

2. D 類電流放大器

D 類放大器均由兩個 NPN 電晶體所組成，在開關截止和導通是由兩個不同訊號控制時，常採用 D 類放大器。如圖 5-25 所示。

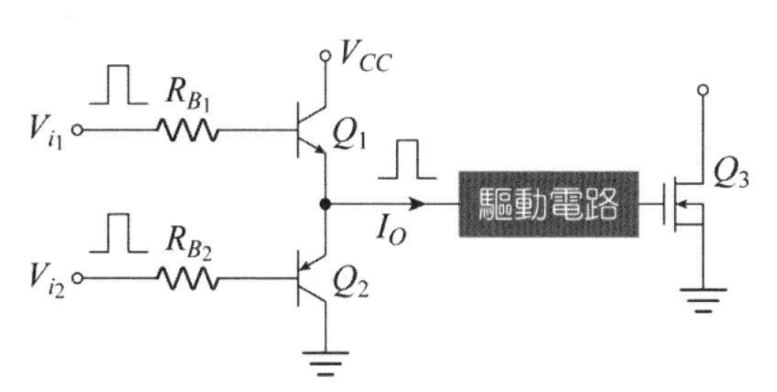

圖 5-25　D 類電流放大器電路

（二）驅動電路

如圖 5-26 所示為半導體功率開關之組成要項，本節所要討論之驅動電路，其主要功能為控制電流的上升與下降的變化，或控制電壓參考準位的變換。

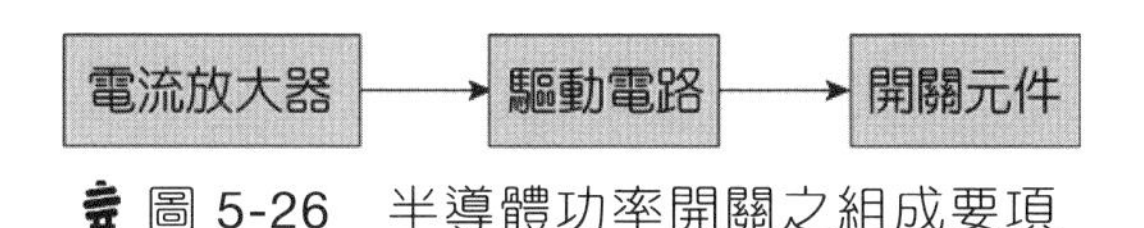

圖 5-26　半導體功率開關之組成要項

以下分別敘述驅動電路之種類：

1. $R-D-C$ 驅動電路

如圖 5-27 所示，在 R_a 電阻上並聯一小電容（ nF 級），可以加速導通與截止。R_a、R_c 皆用來限流用，R_b 為放電路徑。此種驅動電路用於不需隔離而且有其他的轉換器之時。

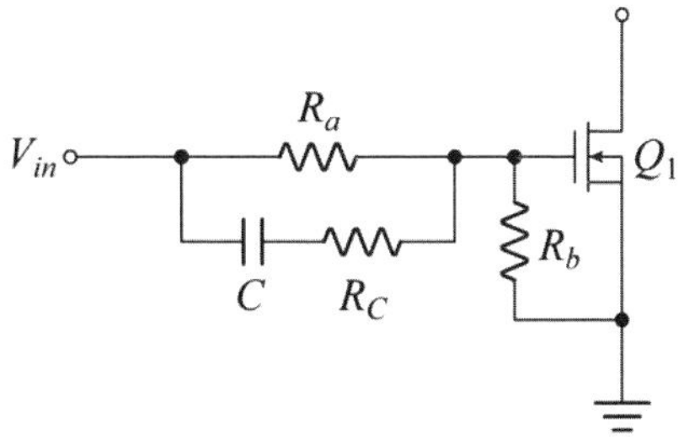

圖 5-27　$R-D-C$ 驅動電路圖

2. 脈衝變壓器驅動電路

如圖 5-28 所示，是一種隔離型之脈衝變壓器電路，輸入端之電容 C 主要是用於隔離電壓成分，以避免變壓器有飽和之現象；電路中之齊納(Zener)二極體 D_1 和 D_2 是用來箝制 V_{GS} 之電壓，並且可抑制變壓器存在之漏感 L_K，在切時瞬間所造成振盪之突波產生。

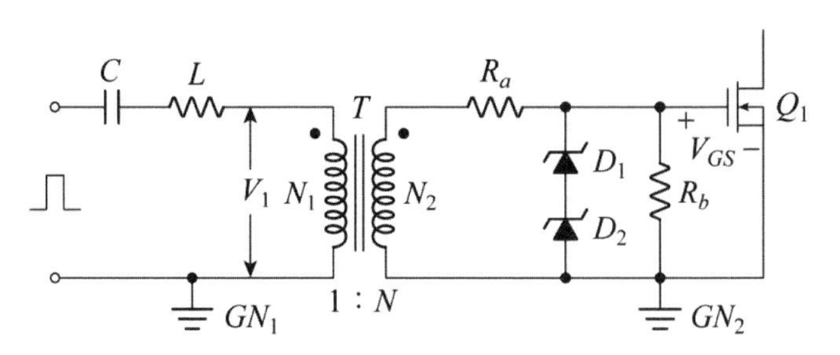

圖 5-28　脈衝變壓器驅動電路圖

3. 光耦合驅動電路

如圖 5-29 所示，是光耦合驅動電路，其基本的工作原理是以光來隔離電，不受到責任比率(duty ratio)大小的影響，都可以驅動開關元件。其中(a)圖為同相輸出電路，(b)圖為反相輸出電路。由於光耦合電路本身具有準位提升與電流放大功能，故可藉由邏輯閘或 CPU 來驅動發光二極體。

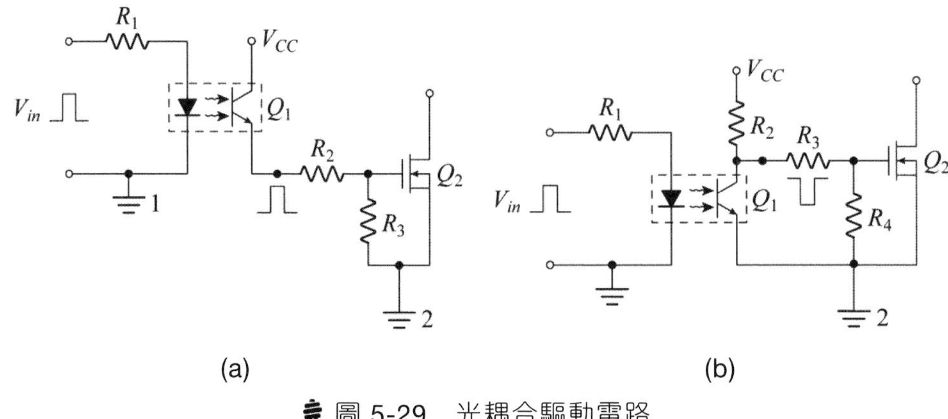

圖 5-29　光耦合驅動電路

如圖 5-30 所示為功率型電晶體之驅動電路，其主要功能是將數位信號，經由光耦合器(HCPL-3120)作放大（使得驅動電流得以提升，藉以推動高功率級的電晶體開關）以及隔離作用。

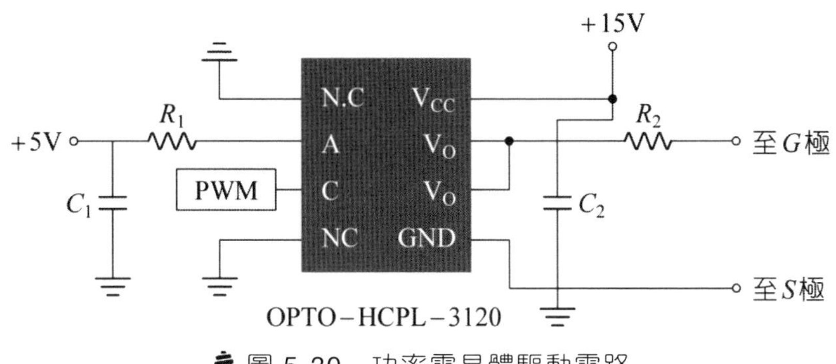

圖 5-30　功率電晶體驅動電路

5-4 燃料電池之實務應用

燃料電池是藉由催化作用而分解出氫當作能量用途的電化學元件。其工作原理是質子經由催化層和氧氣產生水，而分解出的電子則由正極傳送至負極產生電力。燃料電池的優點是能量密度高，不會有噪音與震動的現象，更不會大量排放二氧化碳，是一種潔淨的能源，將是二十一世紀閃亮的能源之星。以下將分別說明其實務應用。而下圖 5-31 及圖 5-32，分別為 700W 及 1kW 之固態氧化燃料電池之實體圖。

圖 5-31　700W 固態氧化燃料電池（甲醇為燃料）
（資料來源：電力綜合研究所）

圖 5-32　1kW 固態氧化燃料電池（天然氣為燃料）
（資料來源：電力綜合研究所）

一、應用於電動車輛方面

目前質子交換膜燃料電池主要應用在電動汽車、電動機車與電動腳踏車等，其優勢在於可改善傳統電動車輛之續航力不足、充電問題與馬力與速度之不如使用者之期望等。目前國內以亞太燃料電池公司投入以質子交換膜燃料電池之電動機車的組裝與測試最為積極，在汽車方面，包括福特、本田、豐田、克萊斯勒等主要汽車公司，都已陸續開發出原型機，其汽車性能都超越石化燃料的汽車，由於製造成本過高，故在中程生產計畫中是以油電混合的電動汽車較為可行，然而長程規畫則以純燃料電池電動汽車為主。如圖 5-33 為燃料電池汽車系統流程圖。

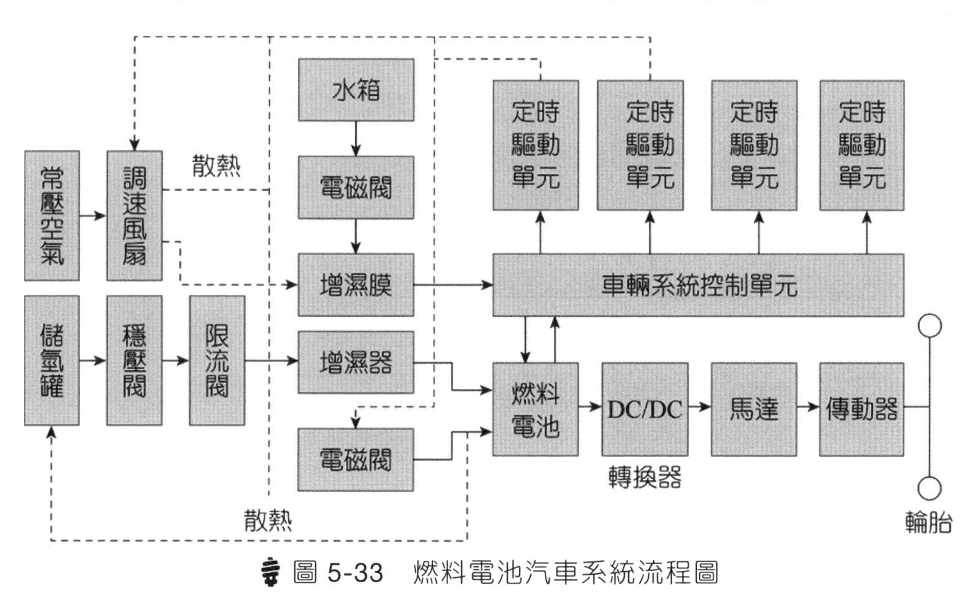

圖 5-33　燃料電池汽車系統流程圖

依據黃鎮江所研究之燃料電池之每一安培電流相對應之氫體消耗率，如公式 5-1 所示。

$$vH_2 = 1A = \left(\frac{1C}{1S}\right)\left(\frac{1mole^-}{96487C}\right)\left(\frac{1gmolH_2}{2mole^-}\right)\left(\frac{60^s}{1\min}\right)$$

$$= 3.109\times10^{-4}\frac{gmolH^2}{\min} = 3.109\times10\left(\frac{gmolH^2}{\min}\right)\left(\frac{2.24L}{1gmolH^2}\right)$$

$$= 0.006965LPM$$

$$= 6.65mLPM \qquad [\ 5\text{-}1\ ]$$

至於一安培電流量相對之氫氣質量消耗率如公式 5-2：

$$mH_2 = 1A = \left(3.109\times10^{-4}\frac{gmolH_2}{\min}\right)\left(\frac{2.0158}{1gmolH_2}\right)$$

$$= 6.267\times10^{-4}\frac{gH_2}{\min} \qquad [\ 5\text{-}2\ ]$$

燃料電池目前使用在電動汽車與機車上，利用氫氣罐供應燃料電池之燃料氫氣，而質子交換膜燃料電池是最適合在運輸上之應用，因其有高能量密度、快速啟動及構造簡單安全的優點。目前燃料電池成本昂貴是其主要缺點。

△ 電動車動力系統技術發展

1. 最適性馬達與傳動系統運動於動力系統之匹配機件有：
   (1) 無刷馬達。
   (2) 感應馬達。
   (3) 磁阻馬達。
   (4) 輪轂馬達。

2. 開發大電流功率元件，提升低速扭力特性。

利用金氧場效半導體(MOSFET)功率型晶體取代閘極絕緣雙接面電晶體(IGBT)，以功率大、效率高及成本低為最佳考量。

二、家用燃料電池之開發

日本之家電業開發住宅用之燃料電池，目前有三洋電機、松下電器產業、松下電工等公司正執行商品化之燃料電池產品，其分別有1kW、2kW、3kW、5kW、7kW、8kW及10kW等家用型產品。

三、應用於 3C 電子設備上

由於直接甲醇燃料電池(DMFC)是屬於高分子薄膜型電池，具有啟動快速、體積小、結構簡單與高能量密度等優點，可應用於筆記型電腦、行動電話以及個人數位助理(PDA)等，因此 DMFC 是值得期待與具有經濟效益的商品。

(一) 電動車輛馬達與驅動器整合特性

△ 驅動器所需之特性

1. 較寬的轉矩和速度特性。

2. 高可信度和耐力。

3. 高過負載能力。

4. 低製造成本。

5. 高效率的驅動系統。

6. 最小的維修。

7. 高功率比。

8. 模式設計。

△ 系統之需求

1. 參數確定

電動車參數包括：

(1) 磁飽和。

(2) 電流的位移。

(3) 鐵芯損失。

2. 操作績效

(1) 績效量（整體速度範圍）。

(2) 波形（包括電流、轉矩、功率因數、輸出功率及效率）。

3. 輸入參數

馬達＋反相器＋機械系統。

（二）電動車輛耗用能源的條件

1. 安全、可靠。

2. 使用壽命長。

3. 高電容量。

4. 高功率。

5. 體積小、重量輕。

6. 設置成本低。

7. 維修成本低。

8. 充電方便。

9. 充電快捷。

10. 可長時靜置。

11. 安靜、低噪音。

12. 環保（低廢熱與低廢氣排放）。

（三）燃料電池運用於車輛之條件

1. 應符合爬坡，加、減速之動力控制要求。

2. 建立完整與安全的氫氣產生及供應。

3. 快速暖機、啟動及運作溫度。

4. 精簡化設計。

5. 低成本設計。

6. 耐久性及可靠度。

5-5 氫能源技術

一、前言

氫是自然界最輕的元素，在標準的狀態下其密度為 0.0899 g/L，在 –252.7°C時可以成為液體，若將壓力持續增加，可從液態氫轉變金屬氫。以純物質來看，氫是自然界中蘊藏最多的元素，其可燃無毒、無味、無色，卻有窒息性。

氫能源在轉換過程中是最潔淨的，不會產生二氧化碳、一氧化碳以及碳氫化合物等對環境有害的物質，因此氫能的確是理想的能源，更是燃料電池主要進氣來源，在燃料電池快速發展且躍進世界能源舞臺上時，氫將能在二十一世紀成為舉足輕重的能源。

二、儲存氫氣的技術

1. 低溫液態儲氫

此種儲存氫氣的方式為將氫氣冷卻到 –253°C，使氫氣液化，再儲存於真空的絕熱容器中，是一種輕巧方便的儲氫方式。

2. 高壓氣態儲氫

此種儲氫方法是將氫氣在氣態狀態下壓縮並儲存於高壓容器中，氫氣可以在常溫下使用，是目前最簡單常用的儲氫方法。

3. 金屬氧化物儲氫

此種方法是利用大量氫氣被金屬所吸附，並轉換成金屬氫化物的型式，氫氣是以固態型式下儲存。

4. 物理吸附儲氫

此種儲氫方法是利用材料本身的多孔性及氫氣分子間的吸引力來達到聚集氫氣分子的效果。目前最常見吸附的材料大多為碳基材料。如：活性碳、碳纖維、奈米碳管等。

三、製氫技術

1. 石化燃料製氫法

利用石化燃料之碳氫化合物，經由轉化之各項過程而提煉氫氣。

2. 水電解法

此製氫技術是利用外加電源將水分解，陽極產生氧氣，陰極產生氫氣。一般傳統的水電解法是使用鹼性溶液作為電解液，以雙極板的設計方法來電解水，陽極使用鎳板，陰極使用鐵板，因為有過電位的關係操作電壓為1.9～2.4V，效率為 47～64%，若改用多孔性鎳電板，將增加反應表面積，則操作電壓可降為 1.65V，效率將提升至 75%，如圖 5-34 所示。

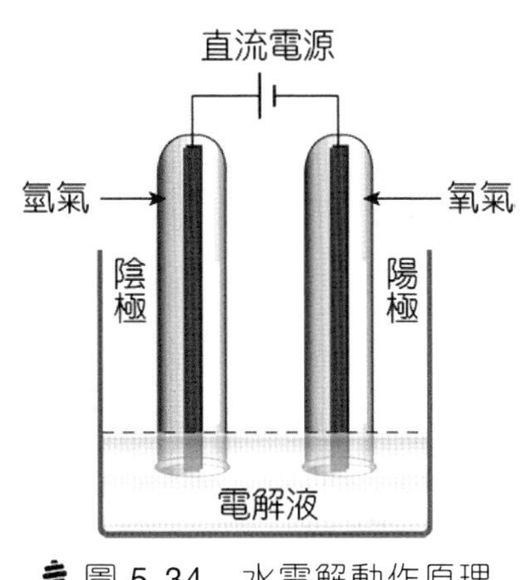

圖 5-34　水電解動作原理

相對於水電解法是靠直流電將水電解，在負極產生氫氣，正極產生氧氣的方法，傳統水電解法是利用鹼性溶液作為電解液，石棉作為隔離膜，以雙極板的設計方式來電解水，陰極使用鐵板，陽極使用鎳板。

3. 生物質製氫法

將生質物厭氧化來製氧。

四、氫能源技術

氫氣是英國科學家卡文迪於 1766 年研究發現，並確定為化學元素，當時稱作可燃氣體。

(一) 氫能源之特點

1. 氫是重量最輕的元素，在標準狀態下，它的密度為 0.0899g/L；在零下 253°C 時，可變為液體，若將壓力增大到數百個大氣壓，液氫就可變為金屬氫。

2. 氫的傳熱性十分良好。

3. 氫是自然界存在最普遍的元素。

4. 除核燃料外，氫的發熱值是所有石化燃料和生物燃料中最高的，為 $\frac{142,351\text{KJ}}{\text{Kg}}$，是汽油發熱值 3 倍。

5. 氫本身無毒、無色、無臭味，是一種潔淨能源。

6. 氫燃燒性能好，點燃快。

7. 氫能利用形式多，除可產生熱能外，還可提供燃料電池作燃料，或轉換為固態氫用作結構材料。

8. 氫可為氣態、液態或固態的金屬氫化物，能適應貯運及各種應用環境的不同要求。

（二）氫能源需克服之關鍵問題

1. 製氫技術成本高。

2. 需要安全可靠的貯氫和輸氫方法。

由於氫是一種二次能源，必須藉由相關的方法從其他一次或二次能源製取而得，以下說明製氫技術的方法：

1. 再生能源電解水製氫

利用太陽能、風力等作為電解槽之能源，以裂解水製氫。

2. 石化燃料製氫

主要是利用低碳的石化原料（以甲烷為主）與蒸汽反應來產生二氧化碳及氫氣。

其反應式如下：

$$CH_4 + 2H_2O \longrightarrow 4H_2 + CO_2$$

3. 薄膜分離法

此種製氫技術為目前國際上主要的發展方向，薄膜可分為多孔性陶瓷、金屬薄膜與聚合物薄膜等。

4. 光電化學法

半導體光電化學反應法製氫是近來熱門的研究方向，尤其在觸媒材料上有了重大的突破，可使用光能製氫的技術。

△ 氫經濟

全球能源面臨極大的挑戰，其挑戰之項目有：

1. 能源安全 ──能源需求增加，減少對石油的依賴。
2. 環境保護 ──地球暖化與氣候變遷，以及降低二氧化碳的排放。
3. 經濟競爭力──經濟成長及降低 CO_2 排放，另外對新能源創造新的產品市場。

因此氫經濟之定義為：大眾對氫氣轉換為能源，所形成的經濟體系，稱為「氫經濟」。

發展氫經濟必須要建構的部門如下：

1. 生產：先進天然氣處理程序。
2. 輸送：管線、貨車與火車之運輸。
3. 儲存：置於加壓槽存放（氣體或液體）。

4. 轉換：燃燒。

5. 應用：移動式電力及靜置型電力。

氫氣之製造包括氫氣副產品利用、天然氣或石化燃料改質，水電解、再生能源產氫及核能產氫等。

綜上所述，發展氫經濟可達到能源永續、環境友善及提升國家經濟競爭力。因此氫能為潔淨之能源載體，需要用非化石級能源來製造、儲存及運送，才符合氫經濟的理想。以下介紹相關國家執行氫經濟的實例：

1. 冰島的氫經濟

冰島是一直努力追求不須進口石化燃料之國家，以發展氫經濟為主要目標，且嘗試在 2050 年前建立世界上第一個氫經濟體。從 2003 年就開始試驗在公共汽車上使用氫氣，藉由地熱發電和水力發電的電力去電解製氫。目標是在未來能讓所有小型汽車和公共汽車利用氫氣作為燃料。

2. 歐洲的潔淨運輸系統計畫

於 2001～2006 年之間選定 9 個歐洲城市測試燃料電池公共汽車，以測試使用氫氣作為公共交通工具燃料的可行性，並建立地區性產氫和充氫設施。

3. 美國的氫能計畫

(1) 發展包括氫氣生產、運送和儲存，以及應用於運輸、固定發電及可攜式裝置等燃料電池技術。

(2) 處理安全問題並制定相關標準。

(3) 推展氫能教育及培育人才。

利用氫作為燃料一個最有力之吸引力，即是它與燃料電池可以有效的配合；燃料電池有較高的轉換效率，目前約為60%，若能有效結合三個主要步驟——生產、儲存和使用，便可降低原型燃料電池模組的生產費用，讓氫經濟所需之條件能夠越來越接近使用者。

由於氫經濟具有龐大的社會和科技的形象魅力，一個成功的氫經濟，取決於社會大眾對氫之接受度，不僅是取決於它的實用性和商業的吸引力，同時也取決於用氫之安全標準程序的建立，因此必須有效提升氫經濟安全相關之技術和教育，這也是推展氫經濟的關鍵點。

我國發展氫經濟，經由 SWOT 分析，得知優劣點如下：

優勢(stength)：

1. 已建置所需之相關人才、設備及技術。尤其是化學、材料科學與能源系統具有深厚之基礎能力。
2. 我國政府已重視氫能技術與燃料電池的研發，逐年增加氫能的研發經費。
3. 臺灣發展分散式現場產氫技術，不需輸送氫氣，可降低投資成本。
4. 《京都議定書》主要是針對 CO_2 之減量，有利於氫能源和燃料電池技術的發展。

劣勢(weakness)：

1. 氫能和燃料電池技術落後歐美日先進國家，基礎研究能力有待加強。
2. 研究氫經濟人力有限，遠低於歐美日先進國家。
3. 國內對氫能和燃料電池之研究單位或生產機構，甚少參與國際氫能研究組織與國際合作。
4. 國內對氫能產業尚未成熟，以及國人對氫能使用概念和認知不足。

5. 國內對氫能和燃料電池的規範及標準尚未建立。

6. 我國市場規模小，必須藉助國際發展時程。

機會(opportunity)：

1. 我國能源有 98%是仰賴進口，適合新能源發展。

2. 環保意識高漲，綠色能源受到重視，使用氫燃料可減少 CO_2 排放，可減緩對環境的衝擊。

3. 石油即將開採完畢，以及《京都議定書》之簽定，皆可預期未來的需求，國內產業投入氫能技術的意願將逐漸提高。

4. 我國政府已編列預算推動氫能技術應用及推廣。

威脅(threat)：

1. 氫能目前尚無完善的未來商業應用及推廣規劃。

2. 國內業者對氫能、氫用之興趣不高。

3. 氫能使用價格偏高，不易被接受，推廣技術較困難。

4. 初期推廣分散式產氫，面臨來自石化廠的低價氫氣競爭。

5. 國內產官學各界對發展氫能源未有共識，影響整個氫能推展的績效。

EXERCISE

選擇題

( )1. 燃料電池的發電原理，下列何者為正確？ (1)機械能轉變為電能 (2)化學能轉變為電能 (3)動能轉變為機械能 (4)熱能轉變為電能。

( )2. 燃料電池有陽陰極，主要通入的氣體為 (1)氫氣與氧氣 (2)二氧化碳與氮氣 (3)氨氣與一氧化碳 (4)以上皆非。

( )3. 燃料電池主要結構為電極，電解質與雙極板，下列何者是電解質的功用？ (1)傳導離子與分隔氫氣與氧氣 (2)分解物質 (3)沉澱作用 (4)活化作用。

( )4. 燃料電池堆中，串聯數目決定燃料電池哪個物理量？ (1)電流 (2)歐姆 (3)電壓 (4)溫度。

( )5. 燃料電池堆中，極板的工作面積決定燃料電池哪個物理量？ (1)流量 (2)溫度 (3)電壓 (4)電流。

( )6. 電化學反應中氧化作用何者正確？ (1)失去電子，得到氧 (2)失去氧，得到電子 (3)得到氧與電子 (4)失去氧與電子。

( )7. 電化學反應中還原作用何者正確？ (1)得到氧與電子 (2)失去氧與電子 (3)失去氧氣，得到電子 (4)失去電子，得到氧。

( )8. 燃料電池透過氫氣與氧氣的輸入，下列敘述何者正確？ (1)離子透過電解質傳導，電子透過外部電路傳導 (2)離子與電子皆透過電解質傳導 (3)離子與電子皆透過外部電路傳導 (4)以上皆非。

( )9. 燃料電池的主要損失有三種，活化損失、歐姆損失，以及下列何種損失？ (1)線路損失 (2)磨擦損失 (3)濃度損失 (4)熱力損失。

( )10. 低溫燃料電池電壓下降的原因，有氣體滲透、電解質阻抗增大，以及下列何者原因？ (1)反應物質下降速率 (2)水份變多 (3)壓力增大 (4)溫度增大。

EXERCISE

問題與討論

1. 何謂燃料電池？其種類有哪些？
2. 試繪圖說明燃料電池的系統構造為何？
3. 試說明燃料電池的操作溫度會受到哪些因素之影響？
4. 觸媒在燃料電池所扮演的角色為何？
5. 試說明燃料電池膜電極組之基本結構及其工作原理。
6. 試述影響燃料電池性能、功率輸出的因素有哪些？
7. 試述燃料電池雙極板之定義及其功能為何？
8. 試繪圖說明燃料電池之發電原理。
9. 試述燃料電池直流－直流轉換器之電路及工作原理說明（常用之三種）。
10. 試繪圖說明燃料電池直流－交流變流器之電路（任選三種）。
11. 試述燃料電池應用與發展。
12. 何謂氫經濟？
13. 發展氫能源目前面臨之困境為何？

06
CHAPTER

生質能

由於近年來石油價格波動劇烈，過去所仰賴的石油能源，總有一天一定會用完，而且地球暖化現象嚴重，所以我們一定要找到潔淨的替代能源，才不會造成環境汙染。生質能源就是目前可行的一種方法。世界各國都大力推展，從生活上的廢棄物來生產能源。總之，生質能源是現在科學發展中重要的一環，也是我們今日要重視的問題挑戰。

6-1 生質能之定義及種類

一、生質能定義

生質能(Biomass energy)是指利用生質物(Biomass)經轉換所獲得的電與熱等可用的能源。而生質物泛指由生物產生的有機物質，例如木材和林業廢棄物如木屑，農作物如黃豆、玉米、稻殼、蔗渣等；生質物尚包括畜牧業之廢棄物給予適宜處理而產生的沼氣，以及垃圾與垃圾掩埋場所產生之有機物等。依據國際能源總署(Internation Energy Agency)2003年所統計資料，目前生質能為全球第四大能源，僅次於石油、煤與天然氣，供應了全球約11%的初級能源需求，也是目前最廣泛使用的一種再生能源。

二、生質能之種類

由生質物轉換得到的燃料皆稱為生質燃料，其型態可分為固態、液態與氣態，國內近年來發展之液態生質燃料，以「生質柴油」及「生質酒料」為主。以下分別說明生質柴油與生質酒精之製作過程：

(一) 生質柴油

所使用之料源包含廢食用油、動物油以及經過光合作用循環而獲得的油脂能源作物，例如向日葵籽、大豆、油菜籽、棕櫚油等。其製作主要是將動植物油脂或廢食用油經由轉酯化反應、中和、水洗及蒸餾等過程，而所產生的甲基酯類可以直接使用或混合柴油做為燃料，目前中油所添加 1%的生質柴油稱為 B_1 生質柴油。

（二）生質酒精

此種生質能源又稱酒精汽油，酒精即指乙醇，主要是由碳水化合物及木質纖維素所構成的生質能源，原料來自能源作物、纖維素及廢棄物。能源作物包含甘蔗、甜高粱、甜菜，以及具有澱粉質的玉米、小麥、大麥、甘薯、馬鈴薯等；而纖維素包含蔗渣、玉米、穗軸、稻草、芒草、稻殼、樹木鋸屑及農業殘留物等。目前全世界以巴西之生質酒精最為著名，其主要運用在交通工具上。

三、酒精發酵原理

原料：

1. 糖質原料－主要為甘蔗、甜高粱、甜菜。
2. 澱粉質原料－主要為玉蜀黍、甘藷、馬鈴薯等澱粉質。
3. 纖維素原料－主要為蔗渣、稻穀、木屑等。

其反應方程式：

$$(C_6H_{10}O_5)_n + nH_2O \xrightarrow{\text{澱粉酵素}} nC_6H_{12}O_6\text{（葡萄糖）}$$

$$C_6H_{12}O_6 \xrightarrow[\text{酵素}]{\text{酵母}} \underset{\text{酒精}}{2C_2H_5OH} + 2CO_2$$

其中澱粉酵素有：α-amylase、β-amylase、glucoamylase、pullulanase。

四、酒精濃度測定

1. 傳統蒸餾法：

   取 300 mL 酒精醱酵之成熟醪樣品，用 10% Na_2CO_3 加以中和後，蒸餾至餾出液達 250 mL，餾出液以蒸餾水補足至原取樣容量，再以酒精計測定酒精度，經 Gay-Lussac 氏表之溫度及酒精度校正後，得實際之酒精濃度以容量百分率 (v / v , %) 表示之。

2. 氣相層分析儀。

3. 高效率液相層分析儀。

4. 自動酒精計。

五、最後酒精之副產品

1. CO_2。

2. 雜醇油。

3. 廢醪。

4. 甘油。

5. 酵母。

6-2 生質能之轉換能源技術

ECO FRIENDLY TECHNOLOGY

本節主要介紹生質能轉換技術，其大致分為六大項——燃燒技術、氣化技術、熱裂解技術、發酵技術、萃取與酯化技術、厭氧分解技術以及海洋生質能技術，分別敘述如下：

一、燃燒技術(Combustion)

以流程方塊圖來說明燃燒技術，如圖 6-1 所示。

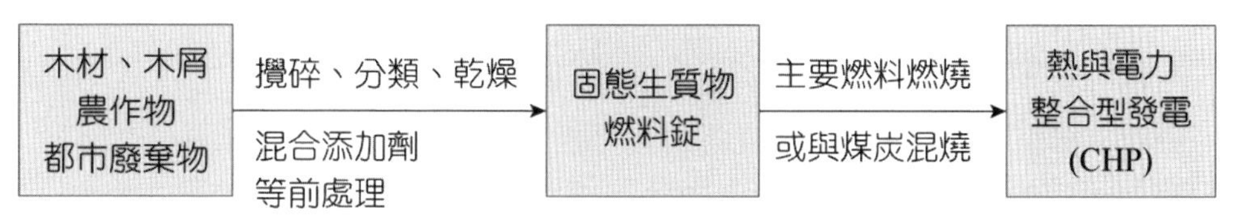

圖 6-1 生質能燃燒技術流程圖

二、氣化技術(Gasification)

如圖 6-2 所示，為氣化技術之流程圖。

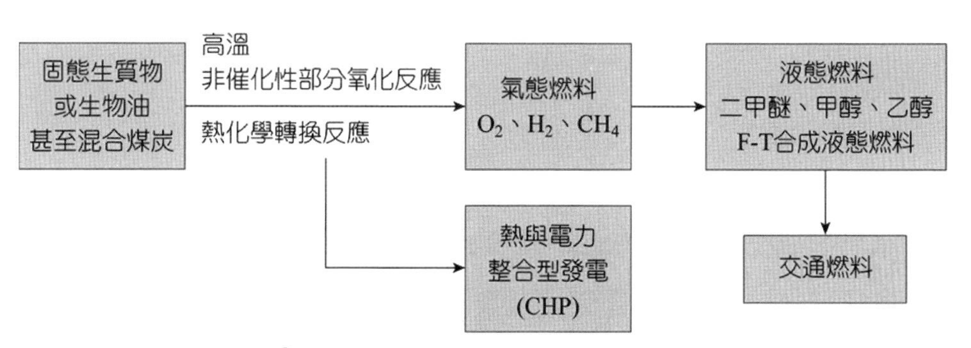

圖 6-2 生質能氣化技術流程圖

三、熱裂解技術(Pyrolysis)

如圖 6-3 所示，為熱裂解技術流程圖。

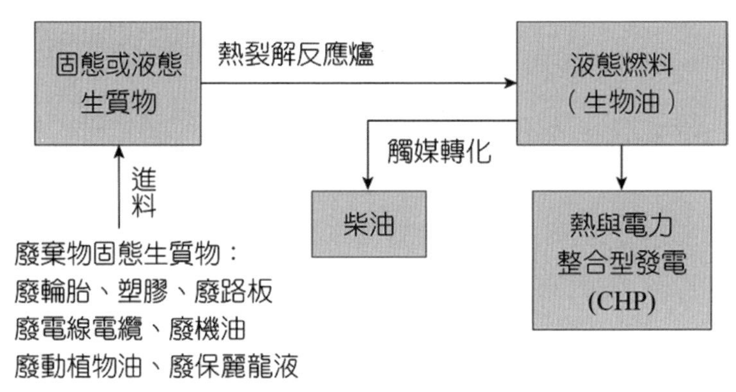

圖 6-3　生質能熱裂解技術流程圖

四、發酵技術(Fermentation)

如圖 6-4 所示，為生質物發酵技術。

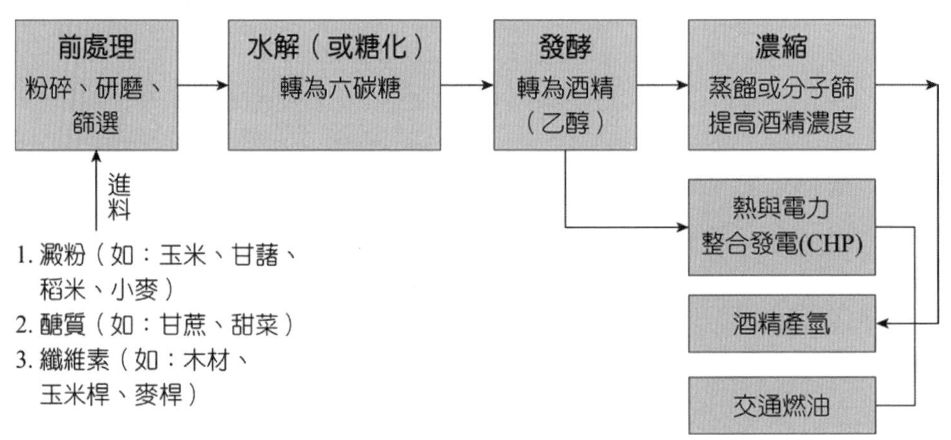

圖 6-4　生質能發酵技術

五、萃取與酯化技術(Extraition)

如圖 6-5 所示，為萃取與酯化技術流程圖。

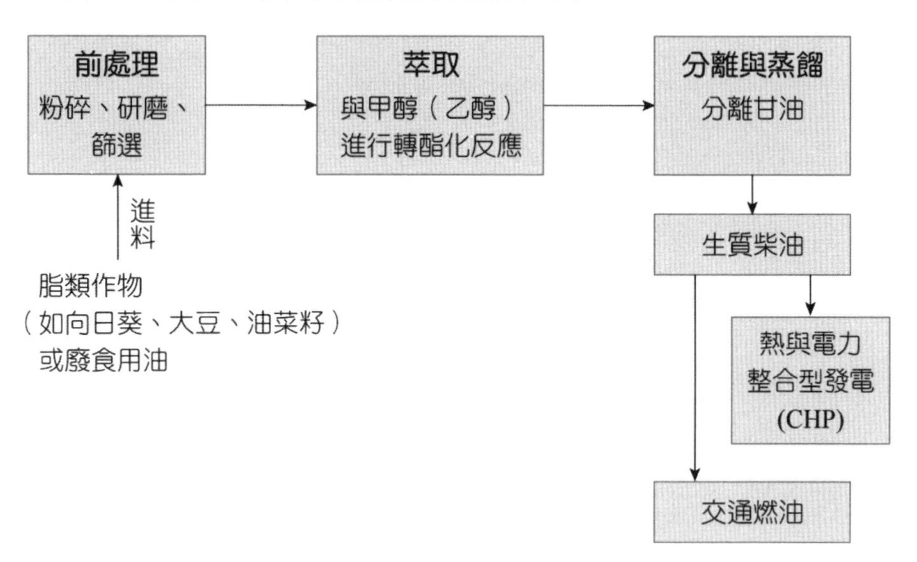

圖 6-5　生質能萃取與酯化流程圖

六、厭氧分解技術(Anaerobic digestion)

如圖 6-6 所示，為厭氧分解技術流程圖。

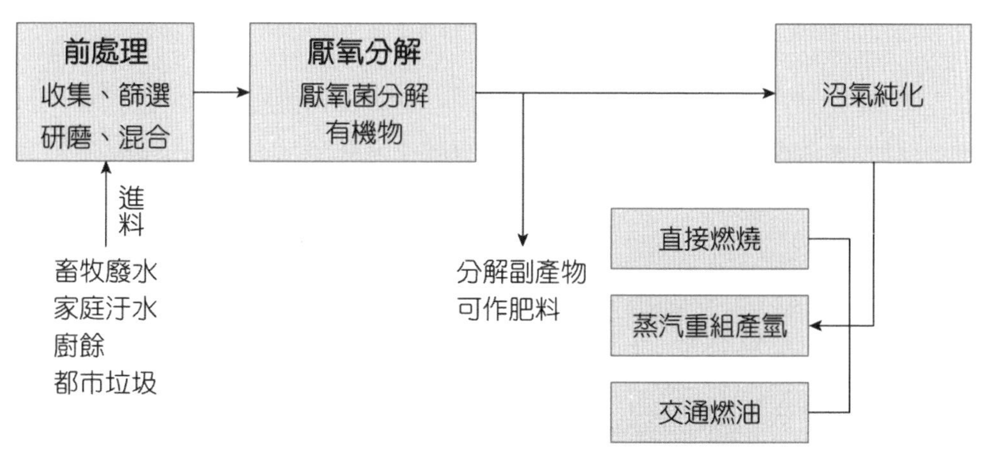

圖 6-6　生質能厭氧分解技術流程圖

6-3 生質能之實務應用

由於栽種能源作物轉換為生質能源過程中反而耗用更多化石能源，以及因發展生質能源所引起的原物料價格飆漲，進而影響民生價格波動等，因此促使未來生質酒精的技術發展方向從傳統澱粉與糖質作物轉化為生質燃料，以及逐漸提升以纖維素轉化成生質能源之技術至關重要。（如圖 6-7 所示，為生質能源應用系統圖。）經由轉化技術產生可供利用之能源，包括生質柴油、酒精汽油、沼氣與廢棄物衍生燃料等。

一、生質柴油

指以動植物油或廢食用油脂，經轉化技術後所產生之脂類，直接使用或混合柴油使用作為燃料者。目前中油公司加入 2%之生質柴油，稱之為 B_2 生質柴油。

由於使用生質柴油的引擎不排放鉛、二氧化硫、鹵化物，並能大幅降低碳煙、硫化物、未燃碳氫化合物、一氧化碳及二氧化碳，目前已成為世界各國積極發展的生質能。

△ 生質柴油製造的過程

1. **使用原料：**植物油（包括花生油、葵花籽油、黃豆油、油菜籽油、棕櫚油、玉米油……），動物油脂（如豬油、牛油……），或是廢食用油、回鍋油等。
2. **提煉過程：**一般使用「轉酯化程序」，簡單表示如下：

$$\text{動、植物油脂}+\text{甲醇或乙醇}\xrightarrow{\text{觸媒}}\text{生質柴油}+\text{甘油}$$

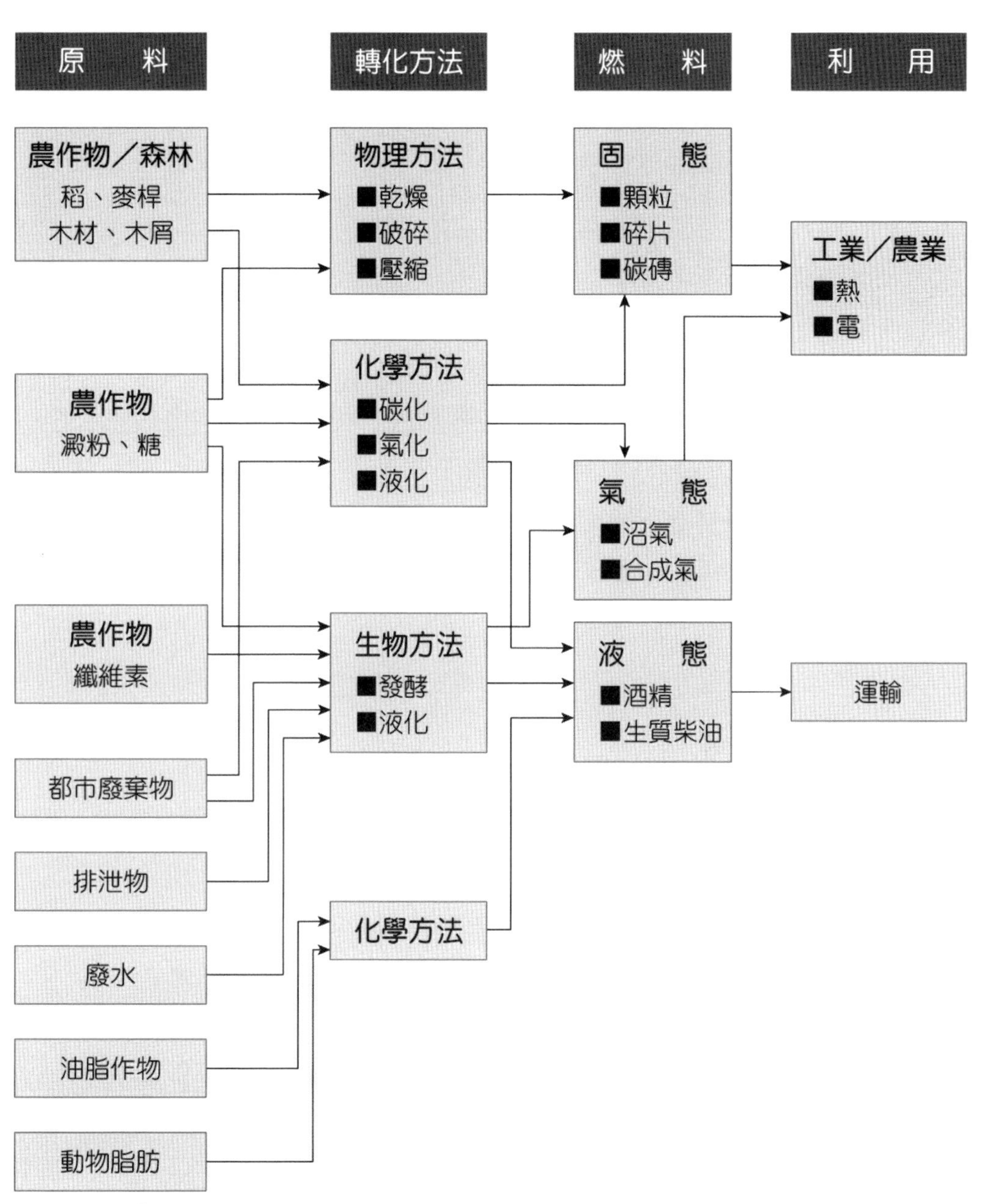

圖 6-7　生質能源應用系統圖（資料來源：經濟部能源局）

由於生質柴油可以減低一般柴油 CO_2 排放量達 78%，因其為封閉型的綠色碳循環，可大幅減少淨二氧化碳排放量，而降低溫室效應。

國內已有 13 縣市參加環保署補助各縣市環保局的生質柴油車示範運行計畫，共約使用 1,300 公秉生質柴油，試行車輛 780 輛以上。目前臺灣生質柴油年產量約 2,000 萬公噸，價格約在 34～40 元之間，提供環保署補助示範運行車輛用。

歐盟生質燃料占運輸燃料比例，2005 年占 2%，2010 年占 5.75%，2020 年占 20%。能源局於 2008 年推動 B_1 柴油（即超級柴油中加 1%生質柴油），並於 2010 年 6 月起將生質柴油添加比率提高至 2%(簡稱 B_2)。

未來需要加強生質柴油製程研發、產油作物改良、訂定具體推動目標及措施，有系統規劃實車示範運行、拓展市場等面向去努力。生產之生質柴油的品質需符合生質柴油標準，以維護行車安全，保障引擎機具及提升空氣品質。

二、生質酒精

主要是由碳水化合物及木質纖維素所構成的生質物，原料來源可分為能源作物、纖維素及廢棄物。能源作物包含有甘蔗、甜高粱、玉米、大麥、小麥、馬鈴薯、甘薯等；纖維素包括蔗渣、玉米穗桿、稻草、稻殼、農業殘留物及樹木鋸屑等。例如汽油中添加 1%的生質酒精稱為 E_1 生質酒精。

巴西生產生質酒精，栽種甘蔗面積約 500 萬公頃，每年 78 噸／公頃，酒精生產率 80 公升／噸甘蔗，酒精生產量為 1,350 萬公秉。其生質能源之生質物分類，如表 6-1 所示。

表 6-1　生質能源的生質物分類

類別	使用例子
農作物廢棄物	稻草、稻殼、甘蔗渣
木材廢棄物	木材與木屑
固體廢棄物	燃燒或掩埋之廢棄物
畜牧廢棄物	排泄物、雜草
能源作物	油菜、甘蔗、玉米

如圖 6-8 為生質物之轉換技術；圖 6-9 為製造酒精之過程。

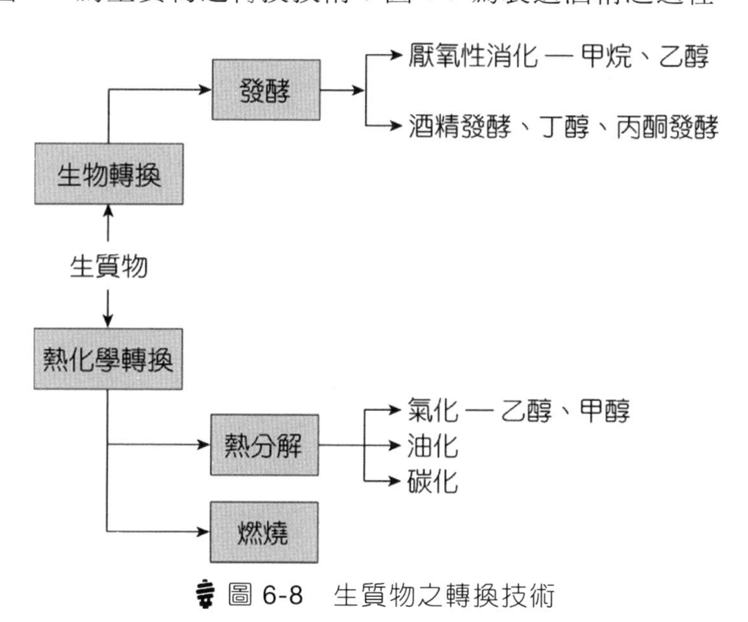

圖 6-8　生質物之轉換技術

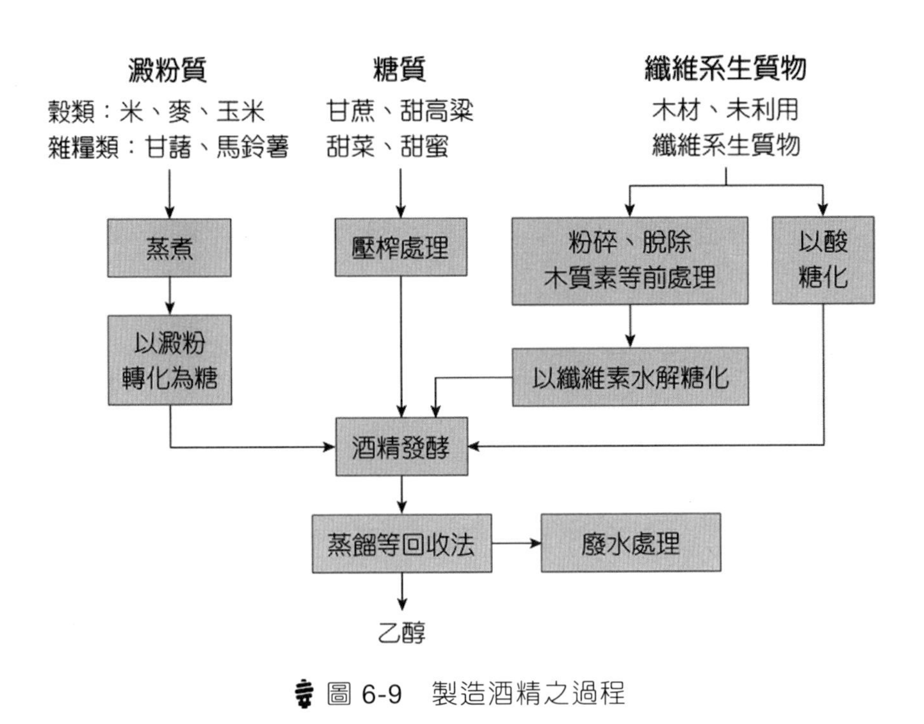

圖 6-9　製造酒精之過程

△ 甘蔗做生質能的優點

1. 每公頃所蓄積之能量高於其他作物。
2. 甘蔗種植對水之需求較小。
3. 由糖質生產酒精的技術已相當成熟。

三、沼氣

沼氣主要是藉由細菌把廢棄物中的有機物質分解以得到可燃性氣體，主要成分是甲烷、二氧化碳及少量硫化氫。分解有機物的細菌可分為好氣菌與厭氣菌兩種，當氧氣充足時，好氣菌會把有機物分解，所產生氣體大都是二氧化碳，稱之為好氣發酵；另一方面，若是在缺氧狀態時，則是由厭氣菌負責把有機物分解，產生沼氣，稱之為厭氣發酵。

沼氣是一種相當好的能源，甲烷含量約在 50～80%之間，所含的熱值通常在 5,000 千卡(Kcal)／立方公尺(m^3)以上，適合燃燒或引擎使用。

EXERCISE

選擇題

(　)1. 下列何者不是再生能源的種類項目？ (1)太陽能 (2)生質能 (3)地熱能 (4)煤炭。

(　)2. 下列何者不屬於生質物？ (1)農作物 (2)垃圾 (3)動物排泄物 (4)鐵質材料。

(　)3. 使用含糖分的作物，經過發酵處理可製成何種生質能源？ (1)生質柴油 (2)生質酒精 (3)煤炭 (4)汽水。

(　)4. 下列何種不是製作生質酒精的原料？ (1)竹筍 (2)甘蔗 (3)玉米 (4)甜菜。

(　)5. 利用廢食用油或油脂作物與甲醇進行轉脂化作用，可產生出甘油和脂肪酸甲脂等產物，藉由分離，用蒸餾方式去除未完全反應之油脂，其可產生何種生質能源？ (1)生質酒精 (2)沼氣 (3)生質柴油 (4)一般 95 汽油。

(　)6. 沼氣主要成分是 (1)甲烷 (2)丙烷 (3)氯 (4)以上皆非。

(　)7. 煉製生質酒精成本最低的是下列何種原料？ (1)甘蔗 (2)玉米 (3)樹薯 (4)甜菜。

(　)8. 利用厭氧發酵可以產生何種氣體？ (1)氧氣 (2)甲烷 (3)氯氣 (4)氮氣。

(　)9. 下列何者不是生質物轉換為能源的方式？ (1)動能轉換 (2)熱轉換 (3)化學轉換 (4)生物轉換。

(　)10. 下列何者不是生質沼氣的應用？ (1)直接燃燒 (2)製作香料 (3)電力生產 (4)化學原料。

EXERCISE

問題與討論

1. 生質能之定義為何？
2. 生質能轉換技術之種類？
3. 生質柴油之提煉？
4. 生質酒精之提煉？
5. 試述臺灣生質能源產業發展現況與展望。

07
CHAPTER

小水力發電

7-1 水力發電之原理

ECO FRIENDLY TECHNOLOGY

水力發電是運用水自高處流向低處，由高位能降至低位能之位能差，在低處利用此位能差作功，推動水輪機軸心旋轉將位能轉成機械能，再經由水輪機軸心旋轉帶動連接於水輪機上方之發電機軸心旋轉，藉由導線切割磁力線會在導線上產生電壓現象（法拉第定律），再將機械能轉換為電能，發出之電利用輸電線送至用電地點，稱之為水力發電。

其理論水力為：

$$P = 9.8 \cdot Q \cdot H$$

（P：理論水力，Q：流量 $\dfrac{\text{m}^3\text{（立方公尺）}}{\text{sec（秒）}}$，$H$：高低落差。）

發電出力為：

$$P_e = P \times \eta_t \times \eta_g = 9.8 \times \eta_t \times \eta_g \times Q \times H$$

（η_t：水輪機效率(0.79~0.95)，η_g：發電機效率(0.90~0.97)。）

發電量為：

$$E = P_e \times \text{hr}$$

7-2 國內外水力發電之現況

一、臺灣水力發電現況

臺灣大小水力電廠合計 42 座，總裝置容量 4,509 仟瓦(kW)，占電力系統之 13%，其中慣常水力 40 座，裝置容量 1,907kW。裝置容量小於 2 萬瓩之水力電廠共有 23 座。抽蓄水力 2 座，裝置容量 2,602kW。

二、國外水力發電現況

全世界最大的水力，是中國大陸的三峽水電站，其次分別為加拿大、美國、巴西與俄羅斯，為水力發電前五名的國家，裝置容量 30,475 萬瓩，約占全球的 57.7%。世界上第一座水力發電站於 1878 年建造於法國。美國第一座水力發電站，建造在威斯康辛州柯普爾頓的福克斯河上，兩臺發電機組容量 25kW，於 1882 年 9 月 30 日發電。至於歐洲第一座商業性水力發電站，於 1885 年由義大利所建造而成，裝置容量 65kW。十九世紀九〇年代起，北美、歐洲等國家利用山區湍急瀑布等優良地形位置，修建了一批數十至數千瓩的水電站，如 1895 年位於美國與加拿大邊境的尼加拉瀑布處建造可驅動 3,750kW 的水電站。進入二十世紀以後，由於長程輸電技術的發展，邊遠地區的水利資源逐步得到充分應用。三〇年代起，水力發電建設快速發展，藉由築壩、機械、電氣等科學技術，在各種複雜的自然條件下，修建了不同類型的水力發電工程。

全世界可開發之水力資源約為 22.61 億 kW，分布不均勻，各國開發度亦不相同，西歐一些國家如瑞士、義大利、英國等，水力開發程度都已達到 90%以上。又如位於巴西與巴拉圭兩國界河之巴拉那河上的伊泰普水力發電站，裝置容量為 12,600MW。

7-3 水力發電系統

關於水力發電，由於臺灣地區雨量充沛，雨水降落大地以後，除了一部分被泥土吸收或滲入地層，一部分直接被陽光蒸發之外，其餘的都慢慢匯流入溪澗河川。

流量之定義為河流中每一秒鐘水流體積的移動量，流量的單位是每秒鐘／立方公尺。而水從高地流到低地的垂直距離稱做「落差」，又稱為「水頭」。目前水力發電廠共有 11 座，依其運轉型態可區分如下：

一、慣常水力發電

一般分為川流式、調整池式、水庫式三種。慣常水力發電的流程為：河川的水經由攔水設施攫取，經過壓力隧道、壓力鋼管等水路設施送至電廠。當機組準備運轉發電時，打開主閥使水衝擊水輪機，水輪機轉動後帶動發電機旋轉，於發電機加入勵磁後，發電機建立電壓，並於斷路器投入後開始將電力送至電力系統。如圖 7-1 所示。

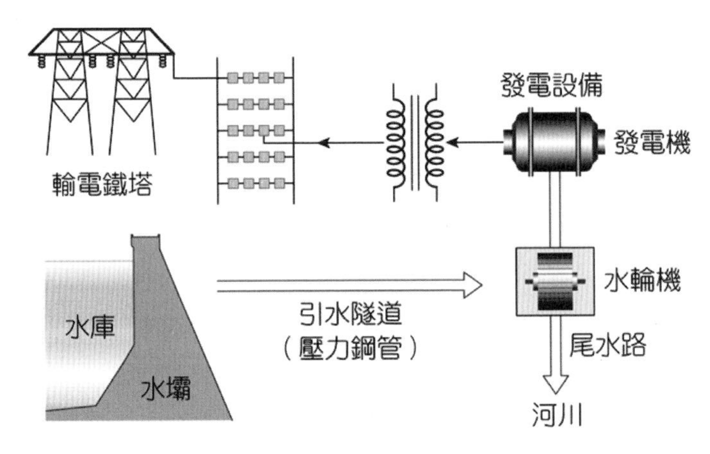

圖 7-1　慣常水力發電示意圖

二、抽蓄式水力發電

抽蓄式水力發電與慣常水力發電不同，它的水流是雙向的，設有上池及下池。白天發電流程與慣常水力發電相同，不同處在於夜間離峰時段，利用原有的發電機當作馬達運轉，帶動水輪機將下池的水抽到上池。如此循環利用，原則上發電所用的水並不排掉。如圖 7-2 所示。

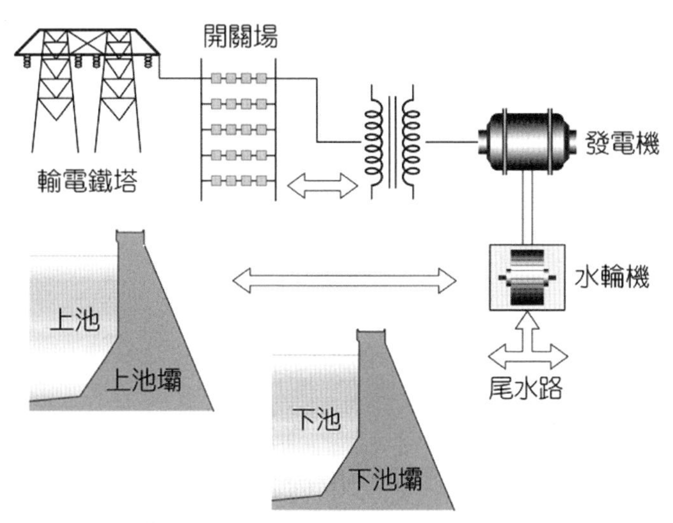

圖 7-2　抽蓄水力發電示意圖

EXERCISE

選擇題

( )1. 水力電廠中的慣常式發電，不包括下列哪一項發電方式？ (1)川流式 (2)調整池式 (3)水庫式 (4)截流式。

( )2. 水力發電的引水設備不包括下列哪一項設備？ (1)高壓馬達 (2)水壩 (3)沉沙池 (4)壓力水管。

( )3. 川流式發電無法儲存與調節水量，所以通常稱為 (1)尖載發電 (2)基載發電 (3)機動發電 (4)常態發電。

( )4. 水庫式發電，其最大輸出功率是由水庫容積和下列哪一項有關？ (1)水面高度差距 (2)混濁 (3)高壓馬達 (4)備用電力。

( )5. 水力發電的穩定性比太陽能或風力 (1)低 (2)高 (3)相同 (4)時高時低。

( )6. 水力發電由高處流下的水推動渦輪機，是動能轉換何種能？ (1)機械能 (2)電能 (3)化學能 (4)儲能。

( )7. 下列何者不是小水力發電的優點？ (1)具有分散式能源特性 (2)促進農地、農業用水的循環利用 (3)複合式發電 (4)需量因素高。

( )8. 下列何者不是水力發電缺電？ (1)生態破壞 (2)節能減碳 (3)費用高 (4)少雨季節，發電量小。

( )9. 以水的流動力量推動水輪機稱為 (1)原動機 (2)發電機 (3)渦輪機 (4)熱機。

( )10. 水力發電機是屬於 (1)三相同步發電機 (2)同步電動機 (3)步進馬達 (4)直線馬達。

EXERCISE

問題與討論

1. 試述水力發電之原理為何？
2. 試分別敘述國內外水力發電之現況。
3. 說明慣常水力發電之發電流程。
4. 說明抽蓄式水力發電之發電流程。
5. 水力發電是再生能源的一種，如何能夠兼顧能源與環保？

MEMO

地熱能

8-1 地熱起源與本質

地熱(Geothermal)資源一般來說，乃地下 3～5 公里範圍之內，經濟可開採之資源。因此地熱具有下列幾項特性：

1. 地球內部的熱能。
2. 區域性自產能源。
3. 低汙染再生能源。
4. 新替代能源。

地熱能主要來自地球內部放射性元素衰變所釋放出來之能量，其儲存於地核熔岩，藉由岩石的導熱性或熔岩與水之向上移動而傳導至地球表面。

已知地殼至少可分為 15 個板塊，板塊交界面有四種不同的運動形態，即是擴張、隱沒、互撞與平移。板塊運動的結果使其邊緣地帶溫度局部增高，熱能集中，形成顯著的異常地溫梯度，進而產生火山活動及火成岩的侵入，並使地震頻繁。

而地熱系統類別分為水熱型、蒸汽型、地壓型與乾熱岩型等，以下分別說明之：

1. **水熱岩系統(Hydrothermal systems)**：地溫加熱下，經深循環的地下熱水，主要以溫泉型式露出地表或賦存於淺部。
2. **乾熱岩系統(Hot dry rock systems)**：埋藏於地下高溫中的低滲透率岩石，缺少足夠的自然流。

至於地熱，起源於地球是一個大的熱庫，有源源不斷的熱流，其內部包含熱能及機械能等兩種能量形式，彼此互相轉換著，透過火山爆發、溫泉及岩石傳導向地表傳送或散失。地心的溫度約可到達6,000°C，而地殼與地函交接處約4,000°C。

溫泉(hot spring)之定義，乃是由雨水自地表滲入地下，在地下深處加熱以後，再上升到地面所形成。溫泉形成之條件為：水＋通路＋熱源。

溫泉依據不同溫度，可分為三大類：

1. **微溫泉**：當泉水露出於地表面時，年平均溫度在8～35°C之間稱之。
2. **溫泉**：當泉水溫度在大於35°C，而小於45°C時稱之。
3. **熱泉**：當泉水溫度在45°C以上稱之。

8-2 地熱應用與資源

圖8-1說明地熱之分布圖。而圖8-2所示，地熱之利用採多目標，分為農業、工業、發電與其他利用四方面。

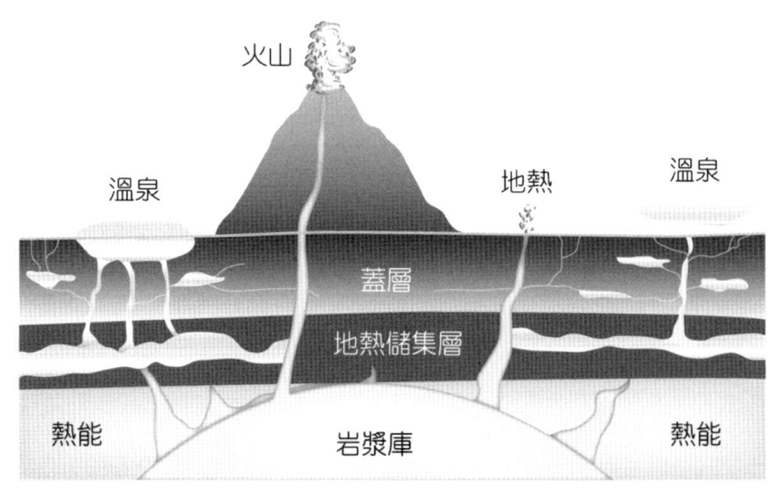

圖8-1　地熱之分布圖

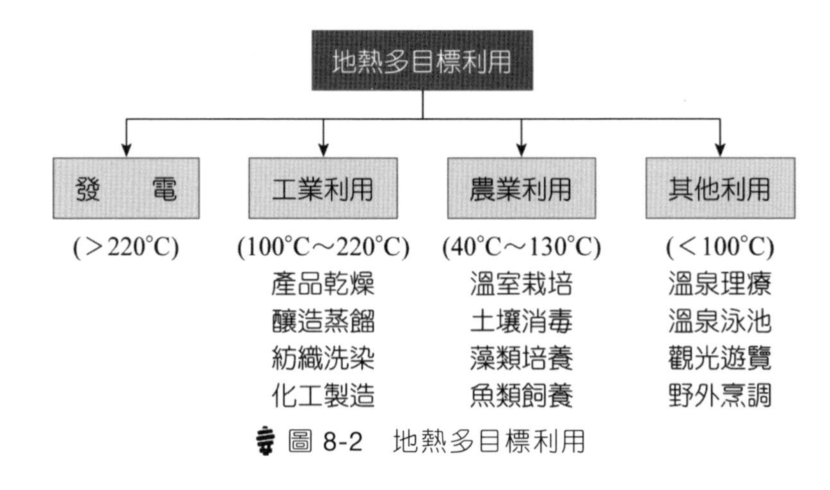

圖 8-2　地熱多目標利用

8-3 地熱發電系統

目前地熱能是由地殼抽取的天然熱能，這種能量來自地球內部的熔岩，並且是以熱力形式存在，是引發火山爆發與地震的能量。

地球內部的溫度高達 7,000°C，而在 80～100 哩的深處，溫度會降低至 650～1,200°C。透過地下水的流動和熔岩湧至離地面 1～5 哩的地殼位置，其熱能得以被轉至較接近地面的地方。關於地熱有效的應用，包括地熱發電以及溫泉開發兩大類，地熱發電其地底下熱源小於 45°C 的就是溫泉，因此下列以地熱發電為主說明。

◎ 地熱發電

藉由蒸汽將發電機的葉片轉動而帶動發電機發電，常用的地熱發電形式主要分為二種：

1. 乾式地熱發電

此種發電方式主要是利用地表下的管線去取得蒸汽，利用管線將高壓蒸汽導引至地表，使用它來推動氣輪機的葉片，其可直接帶動發電機發電。如圖 8-3 所示。

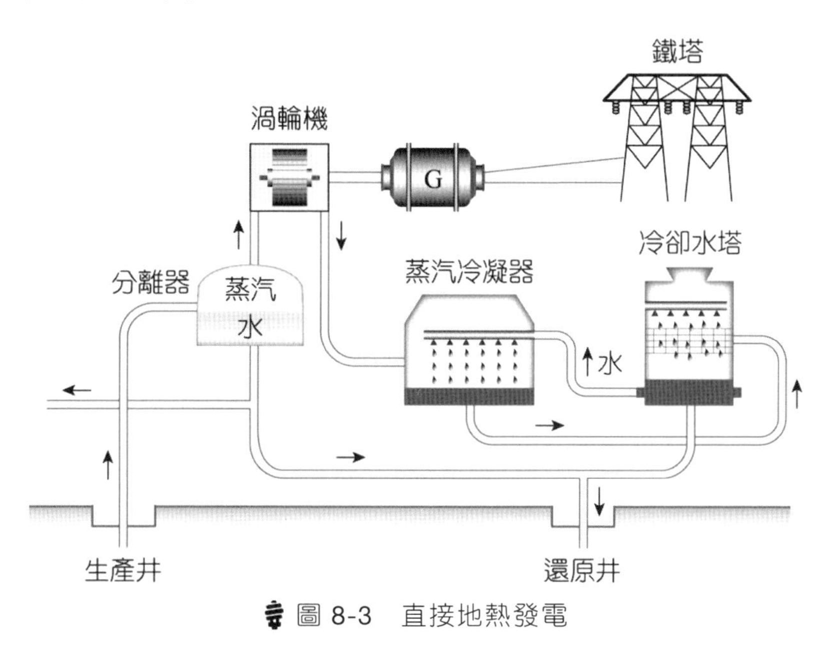

圖 8-3　直接地熱發電

2. 雙向式地熱發電

此種發電是利用較低溫的地熱水（溫度約為 110～185°C），將其導引進入鍋爐，再將鍋爐內部中，另一密閉小鍋爐裝置沸點較低的液體，利用地熱水的溫度去間接加熱小鍋爐內部的液體，使其汽化成蒸汽去推動氣輪機，如圖 8-4 所示。

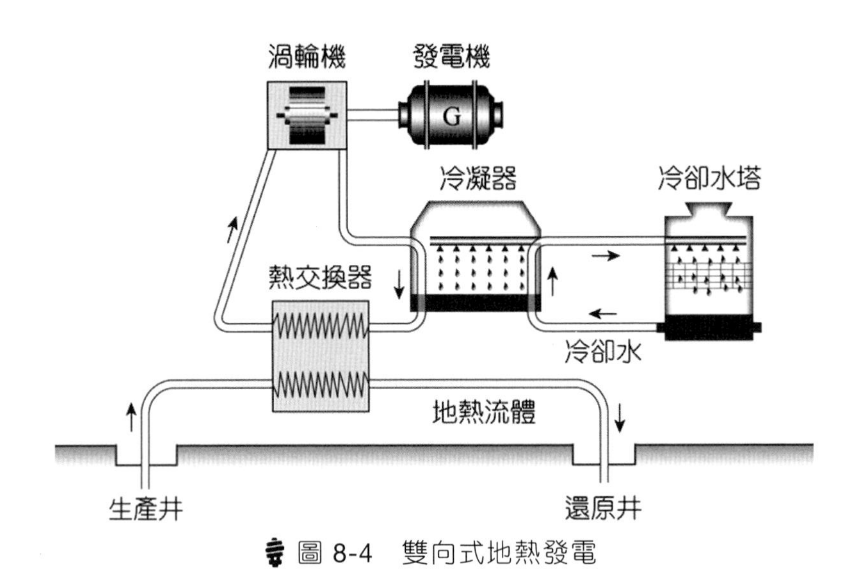

圖 8-4　雙向式地熱發電

因此，地熱應用之優點與缺點，分別敘述如下：

△ 優點

(1) 它是一種潔淨能源，只有單純的物理現象，並沒有任何的燃料介入，所以不會有溫室氣體的產生。

(2) 地熱發電廠建置完成，它可以 24 小時運作，且佔地面積不大。

(3) 地層所流出的溫泉是自然熱水，可帶動觀光旅遊。

△ 缺點

(1) 可開設的地點不多，必須要經過多項評估，所以不易找尋。

(2) 架設困難，加上一些可燃性氣體會隨著蒸汽一起冒出，無法保證絕對安全。

(3) 地層下板塊移動等自然現象的發生，會造成地熱設備的破壞。

8-4 國內外地熱發展現況

一、國內地熱發展情況

1. 全國地熱徵兆溫泉區共有百餘處。
2. 全國火山性地熱區僅大屯地熱區，其餘皆為非火山性。
3. 初步潛能評估 26 處，總發電潛能 1,000 MW。
4. 清水、土場地熱區為典型之非火山性地熱區。
5. 清水地熱試驗電廠不理想原因待查。
6. 土場地熱區雙循環發電試驗效率佳，可推廣。

臺灣地熱特性與潛能，如表 8-1 所示：

表 8-1　臺灣地熱特性與潛能

項目 \ 地區		大屯地熱區	其他地熱區
成因		火山性	非火山性
溫度		200～300°C	100～200°C
儲層特性		砂岩、火山岩中之裂隙	變質岩中之節理、裂隙
化學特性		SO_4，Cl	$NaHCO_3$
pH		2～5（酸性）	8～9（弱鹼性）
泉質分類		硫磺泉	碳酸氫納泉、泥漿泉、海底溫泉、冷泉
潛能	發電	500MW	16～60MW
	熱能利用	650MW_t	1500MW_t（25 地熱區合計）

《溫泉法》於民國 92 年 7 月 2 日頒布實施，94 年 7 月 22 日訂定溫泉標準，其標準表如表 8-2 所示。

表 8-2　臺灣溫泉標準

成分依據		符合下列標準
溶解固體量 (mg/L)	TDS	> 500
主要含量離子 (mg/L)	HCO_3^-	> 250
	SO_4^-	> 250
	Cl^-（含其他鹵族離子）	> 250 mg/L
	游離 CO_2	> 250 mg/L
特別成分 (mg/L)	總硫物 $HS+H_2S+S_2O_3^{-2}$	> 1 mg/L
	總鐵離子 $F_e^{+2}+F_e^{+3}$	> 10 mg/L
	Ra	> 1 億分之一

由於臺灣溫泉資源豐富，溫泉開發與利用具有獨特性，具有發電、觀光、休閒、養生、保健等功用；在《溫泉法》發布實施後，以「提高價值、創造品質」，用宏觀的角度訂定策略，展現溫泉豐富的觀光魅力，不僅將成為國內旅遊首選，更可以行銷至國際，促進溫泉觀光產業發展。

二、國外地熱發展情況

目前各國地熱發電的發展情形，如表 8-3：

表 8-3 各國地熱發電概況

項目 國家	地熱田名稱	溫度℃	特　性	生產井深度 (M)	面積 (km^2)
義大利	larderllo	310	乾蒸汽地熱田	1,000～2,000	100
美國	The Geysrs	280	乾蒸汽地熱田	1,000～3,300	
紐西蘭	Wairakei	265	熱水型地熱田	600～1,200	
墨西哥	Cerro Prieto	371	熱水型地熱田	700～1,600	
菲律賓	Tiwi	200	熱水型地熱田	2,100～2,400	
其他	大陸、日本、冰島、尼加拉瓜等 24 個國家共 8,000MW(2002)				

地球核心部分溫度很高，使地表岩石受熱而變成熱岩，遇到地下水則轉變為蒸汽及熱水。高溫蒸汽或熱水自然從噴泉口噴出或經由人工鑽取使其從地熱井噴出時，即為可供利用的地熱能。

地熱除了可以發電利用外，還可以直接利用其熱能，供應礦業生產、農漁畜牧養殖，農作物加工以及住宅取暖、觀光與醫療用途。

地熱蘊藏豐富，開發成本也算低廉，使用時與火力及核能發電相比，較為安全且較少汙染。

因此建設地熱發電廠，必須考慮三項主要環保問題：

1. 要維護發電廠附近的自然景觀。
2. 要留意是否會從地下噴出有毒氣體，例如硫化氫(HS)和砷氣(AS)。
3. 要避免伴隨蒸汽一起噴出的熱水(≧80°C)，流入河內影響水中生物。

EXERCISE

選擇題

( )1. 地熱的敘述何者有誤？ (1)由於地球的自轉 (2)儲存地底下的熱能 (3)地熱的熱能會使地下水變成蒸汽及熱水 (4)地球形成的時候的原始熱能。

( )2. 下列各項說明中，何者是地熱能所具備的特質？ (1)與太陽能與風力相同會受到天候限制 (3)地熱能不屬於再生能源範疇 (4)地熱能不受天候、季節影響，可穩定電力來源。

( )3. 臺灣到處可以看到溫泉，下列哪一項對溫泉的敘述是正確的？ (1)深層地熱源 (2)量很大，溫度高 (3)淺層的地熱資源，量不大，溫度也不高 (4)以上皆非。

( )4. 由於發電效率和溫度有關，地熱發電鑽地面下 2,000 公尺深度時，其溫差大約是 (1)150～200℃ (2)500～600℃ (3)600～800℃ (4)800～900℃。

( )5. 地熱能往下鑽 2 公里，倘若地底雖熱但儲集層內無水，稱為 (1)乾熱岩 (2)沙熱岩 (3)濕熱岩 (4)以上皆非。

( )6. 下列敘述何者非地熱能的優點？ (1)符合低環境破壞 (2)可永續利用 (3)可當基載電力 (4)開發不易，成本風險高。

( )7. 國際上地熱能用何種方法來計算淺層區域發電潛能？ (1)面積法 (2)體積法 (3)熱氣估算法 (4)以上皆非。

( )8. 地熱能除發電外，下列何者是其他功能運用？ (1)製氫及觀光 (2)儲能 (3)不連續能源 (3)以上皆非。

( )9. 地熱能發電對環境的衝擊是 (1)高 (2)低 (3)中等 (4)以上皆非。

( )10. 地熱產業的環境與經濟效率，獲得社會各界的認同，將投入何種經濟的友善環境建設？ (1)低碳 (2)商業 (3)私人 (4)以上皆非。

EXERCISE

問題與討論

1. 試述地熱發電之原理為何？
2. 試述地熱發電之型態為何？
3. 臺灣地熱發展之現況為何？
4. 如何發展臺灣之溫泉觀光產業？
5. 試述臺灣地熱特性為何？
6. 試述國外利用地熱發電狀況。

MEMO

海洋能

9-1 海洋能之概論及發電系統

所謂海洋能(Ocean energy)係指將蘊藏於海洋環境中之能量，轉換成可供人類使用之能源。目前較常利用之海洋能種類，主要有五種，分別為「潮汐能」、「波浪能」、「海流能」、「海水溫差能」、「鹽分梯度能」。而當前海洋能科技之應用情況，則以前四種較為普遍。臺灣雖缺乏自產能源，每年需自國外進口約98%的能源，但四面環海，若能使用海洋能發電，能源問題便可解決。

一、海洋能發電之優缺點

(一) 優點

1. 是一種潔淨能源，無汙染物。
2. 海洋資源蘊藏龐大，取之不盡、用之不竭，可以源源不斷地供應。
3. 可分離出淡水，解決離島居民之飲用水問題。
4. 發電廠可座落於海洋上，無覓地購地之瑣事。
5. 可產生有價值之副產品，例如氫氣、空調、藥品。
6. 可與觀光、教育結合，作有價值的介紹。

(二) 缺點

1. 以經濟層面觀之，其成本大幅高於石化發電。
2. 以技術層面觀之，在海洋中施工困難，另有風浪的挑戰，且材料也容易腐蝕。
3. 以發電效率觀之，與一般火力發電廠相比，其轉換效率相對偏低。

二、海洋能發電之型態

以下分別介紹五種海洋能發電之型態：

(一) 潮汐發電(Tidal generator)

由於太陽、月亮作用於地球的萬有引力與地球自轉運動，使得海洋水位形成高低變化，這種高低變化，稱之為潮汐。潮汐發電就是利用海水漲潮與退潮所形成的勢能與動能來發電。例如 1966 年法國的朗斯潮汐發電站。

(二) 波浪發電(Wave motion generator)

太陽輻射的不均勻加熱與地殼冷卻，以及地球自轉形成了風，風吹過海面而形成波浪。波浪起伏造成水的運動，此種運動驅使工作流體流經原動機而發電。最具代表性的是英國海洋電力傳輸公司，所開發的離岸式波浪發電機組，稱為「Pelamis」，每年可產生 2.2 兆瓦電能。

(三) 海流發電(Marine current energy)

海流發電系統在海流流經處設置截流涵洞的沉箱，並於其內設一座水輪發電機，藉由海洋中海流的流動，推動水輪機而發電。一般海流分為恆流和潮流，所謂恆流主要是指海洋中長年穩定的水體流動；至於潮流乃是指由於潮汐作用導致有規律往返式的海水流動。海水流動產生巨大能量，海流能的能量與流速的平方和流量成正比。一般來說，最大流速在 2 m/s 以上的水道，其海流能均有實際開發的價值。海流的渦輪發電機一般分成水平軸式及垂直軸式，水平軸式與一般的風力發電機組相當類似，而垂直軸式主要為 Darriens 型 helical 葉片渦輪機，或是十字型翼面的渦輪機。

（四）海洋溫差能(Ocean Thermal Energy Converson, OTEC)

溫差能是利用海洋表層海水和深層海水間的溫度差所擷取的熱能，經由熱傳導轉換來發電。在大部分熱帶和亞熱帶地區，表層水溫和 1,000 公尺深處的水溫相差 20°C 以上，是溫差熱能利用所需的最小溫差。而我國最適合設置 OTEC 廠址之地點有東部的和平、石梯坪、樟原、臺東及蘭嶼。

海洋溫差發電乃利用表層海水之高溫將工作流體（液態氨）蒸發推動渦輪機，再利用深層海水之低溫將工作流體冷卻，以利循環使用。一般溫差發電設施多半設置於岸上，亦可設置於海上，其發電原理，如圖 9-1 所示：

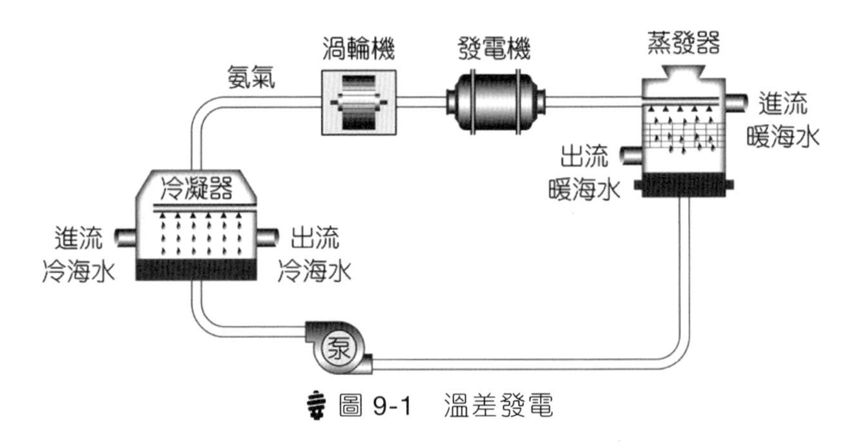

圖 9-1　溫差發電

（五）鹽梯度能(Salinity gradient energy)

河川流入海洋於淡水和鹽水介面，或在不同鹽度水之介面，會產生滲透壓，利用適合之半透膜來產生有用之能量，或利用介面上之電動勢來直接產生電流。如圖 9-2 所示。

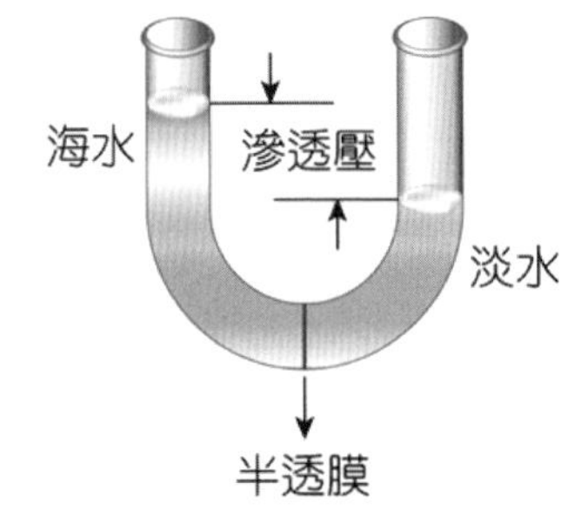

圖 9-2　鹽梯度能利用原理

9-2 海洋能目前發展狀況

ECO FRIENDLY TECHNOLOGY

海洋能各項發電之型態，目前的發展狀況可分為國內外，以下說明之。

一、國外部分

(一) 潮汐發電

目前世界上利用潮汐發電的國家有法國、中國、俄羅斯和加拿大，平均潮汐電廠總容量約 263 MW 。其中法國的拉朗斯(La Rance)電廠有 240 MW 容量，1986 年開始運轉，利用率高達 95%。

(二) 波浪發電

具有波浪發電的國家有美國、日本、英國、挪威。其中以日本、挪威較具成效，其餘大多仍處於研究發展階段。

(三) 海流發電

1973 年，美國裝置管道式水輪發電機，可獲得 8.3 kW 的功率。

1985 年，美國在佛羅里達州的墨西哥灣流中，裝置一臺小型海流發電，可發出 2 kW 電力。

至於德國、英國與歐盟多屬於研究階段。

(四) 海洋溫差發電

目前較具規模的電廠在日本及夏威夷。

1997 年，印度建造 1MW 電廠，2003 年完工。

二、國內部分

（一）潮汐發電

由於理想潮差為 6～8 公尺以上，臺灣沿海潮差最大者為金門和馬祖，但僅可達約 5 公尺之潮差，因此不具發展潮汐發電之條件。

（二）海流發電

1965～1969 年的陽明號和 1973 年的九蓮號曾進行調查研究。

1999 年，臺灣大學海洋研究所完成臺灣東部黑潮發電應用調查報告。若以蘇澳外海、花蓮外海、綠島及蘭嶼而言，其年平均流速在 1.2 m/s 以上，估計有 4 GW 的可開發容量，具有海流發電之潛力。

（三）波浪發電

於 1985 年起，臺電即著手波浪發電之規劃研究，選定蘭嶼離島為計畫廠址。

藉由波浪發電裝置，將海浪的能量轉變成電能。為了有效吸收波浪能，其運轉結構完全依據波浪上下振動的特性來設計，利用往復運動來壓縮空氣、水、油等介質，提高介質壓力再用來發電。主要是利用波的傳導，液體傳動壓力推動發電渦輪機，再將電力傳回陸地。2015 年我國已建構一臺 20kW 波浪發電機於海上展示。

1. **波浪發電之優點**：無汙染、不必耗費燃料。
2. **波浪發電之缺點**：波浪產生之不穩定性，以及發電設備需固定於海床上，承受海水之腐蝕、浪潮侵襲破壞，尤其是發電效率不夠顯著、施工及維修成本過高等問題。

（四）海洋溫差發電

自 1990 年起，臺電公司及能源局委託規劃設計海洋溫差發電。其適合的場所有東部花蓮外海、臺東外海，於 1 千公尺之深海溫度與表層海水溫度差達到 20°C 以上者。

三、世界先進國家海洋再生能源發展經驗

（一）美國之海洋能發展經驗

於 1979 年由洛克希德公司於夏威夷群島外海建造的海洋溫差發電 (OTEC)，可產生 50kW 的發電量。1980 年美國能源部建造發電量 1,000kW 的海洋溫差發電實驗廠。2006 年 12 月於紐約東部啟動潮汐能計畫。2008 年，美國對海洋能之研究，撥款 1,000 萬美元，研究內容包括海浪發電、海流發電、潮汐發電等。

（二）英國之海洋能發展經驗

2003 年，300kW 之潮流發電系統，正式運轉；2005 年正式開始對海浪發電和潮流發電展開招商計畫，並建立一套與計畫研究發展相關的海洋能源商業化之市場機制和管理方法。同時英國於 2006 年規劃設計 1GW 的海流發電系統。

（三）日本之海洋能發展經驗

日本將海洋能源分類為：海浪、潮汐、海流與溫差發電。於 2003 年完成海浪能和潮流能開發地點及蘊藏量調查，以提升發電效率。

（四）歐盟海洋能發展經驗

葡萄牙於 1995～1999 年間，建立了 400kW 的波浪發電示範電廠，除此之外，葡萄牙在 2005 年設置 2MW 的深水型波浪發電系統。

（五）臺灣未來海洋能源發展規劃

目前我國有關海洋能源之發展規劃，如表 9-1 所示：

表 9-1　我國海洋能源開發規劃

目前	未來（2015～2025 年）
海洋發電技術 ①黑潮潛能評估 ②海渦輪機組技術	海洋發電開發 ①原型開發與測試 ②MW 級示範電廠建置
波浪發電技術 ①潛能調查技術 ②安全評估技術	波浪發電開發 ①陣列式發電量分析 ②波浪發電系統開發 ③商業規模電廠之開發
溫差發電技術 ①複合式溫差發電技術 ②發電效能提升技術 ③生物附著防治技術	溫差發電開發 ①百 kW 級系統開發與測試 ②游牧式溫差發電技術
天然氣水合物技術 ①生產量分析技術 ②地層靜態穩定評估	天然氣水合物開發 ①開採驗證 ②地層動態穩定評估

EXERCISE

選擇題

(　)1. 下列何者不是海洋能的種類？ (1)波浪能 (2)海流能 (3)鹽差能 (4)氫能。

(　)2. 由於太陽、月亮與地球間的萬有引力與地球自轉運動，將海洋水位形成高低變化，稱為何種能源？ (1)潮汐能 (2)波浪能 (3)海流能 (4)鹽差能。

(　)3. 藉由海洋中的洋流流動中推動水輪機來發電，稱為何種能源？ (1)潮汐能 (2)波浪能 (3)海水溫差能 (4)海流能。

(　)4. 臺灣的海洋溫差能，位於何處？ (1)花蓮與臺東外海 (2)桃園、新竹外海 (3)臺中外海 (4)彰濱外海。

(　)5. 利用波浪的動能轉換為電能，此種發電稱為 (1)潮汐能 (2)波浪能 (3)溫差能 (4)地熱能。

(　)6. 海洋能中哪種能源是較不穩定的？ (1)波浪能 (2)海流能 (3)鹽差能 (4)以上皆非。

(　)7. 臺灣四面環海，東部沿岸屬於太平洋洋流通過，發展哪一種能源最具優勢條件？ (1)波浪能 (2)海流能 (3)潮汐能 (4)溫度差能。

(　)8. 海洋能發展，臺灣目前必須要克服的瓶頸為何？ (1)技術、人才與成本 (2)資金 (3)地點 (4)政策。

(　)9. 溫差發電是海水全年表面溫度與深層海水的溫度至少相差多少攝氏度數，適合做溫差發電？ (1)10℃以下 (2)20℃以上 (3)5℃以下 (4)以上皆非。

(　)10. 海洋能中，會考慮波浪振幅與能量密度是哪種發電？ (1)潮汐發電 (2)溫差發電 (3)波浪發電 (4)以上皆非。

EXERCISE

問題與討論

1. 試述潮汐發電之原理。
2. 試述波浪發電之應用原理。
3. 試述海流發電之原理。
4. 試述海洋溫差發電之原理。
5. 試述鹽梯度發電之原理。
6. 試述國內外海洋發電之現況。

10
CHAPTER

節能技術

1998 年世界權威性《科學(science)》雜誌，對於未來石油供需的研究結果，預測將有嚴重石油短缺之問題。因此為解決能源危機，我們必須運用人類智慧尋找解決或預防的方法——那就是節約能源。亦可使用已建立之核心技術（包括 LED 照明與冷凍空調、電力電子等）加速產品開發，推動本土化、成本低廉、產品之普及應用。

10-1 節能技術之概念

節能就是降低能源的消耗，可由以下幾種途徑著手。

一、調整能源消費比重

降低工業部門能源消費比重，抑低住宅與商店及運輸部門能源消費成長。

（一）產業方面

加強輔導產業轉型與升級、強化能源效率管理，推動產業自願節能，加強能源技術服務，推動高效率馬達改造。

（二）運輸方面

推廣綠色運輸，舒緩汽機車成長，提高運輸工具效率。

（三）建築方面

推廣綠建築、建築空調節能設計管理、提升建築外殼耗能基準。

二、提高電業效率，降低尖峰負載

以削峰填谷之方式，降低尖峰負載。

三、推展能源價格合理化

藉由價格控制使用量，誘導節約。

四、技術研究領先產業

積極有效的技術研究，協助產業發展。

五、推廣節能教育

擴大節能之教育宣導，深植節能觀念，發揮全民運動共同響應節能。

10-2 照明方面之節能

一、照明設計之標準程序

(一) 環境調查

1. 建築物特性調查。
2. 使用條件調查。
3. 室內環境調查。
4. 其他狀況調查。

（二）基本構想

1. 照明規劃。

2. 照度設定。

3. 照明方式。

（三）基本設計

1. 光線之選定。

2. 器具之選定。

3. 燈數之計算。

4. 燈具之配置。

5. 輝度之計算。

6. 經濟之計算。

（四）細部設計

1. 迴路分配。

2. 照明控制。

3. 施工圖說。

二、適性燈具的選擇

建築物本身的條件、不同場合、所從事的活動等，都會影響燈具的選擇。在進行照明規劃時，若能依據該空間的條件和需要，配置適合的「適性燈具」，將有助於能源的節約。適性燈具又可分三方面探討，包括製品技術、設計技術、視覺工學，如下圖 10-1 所示。

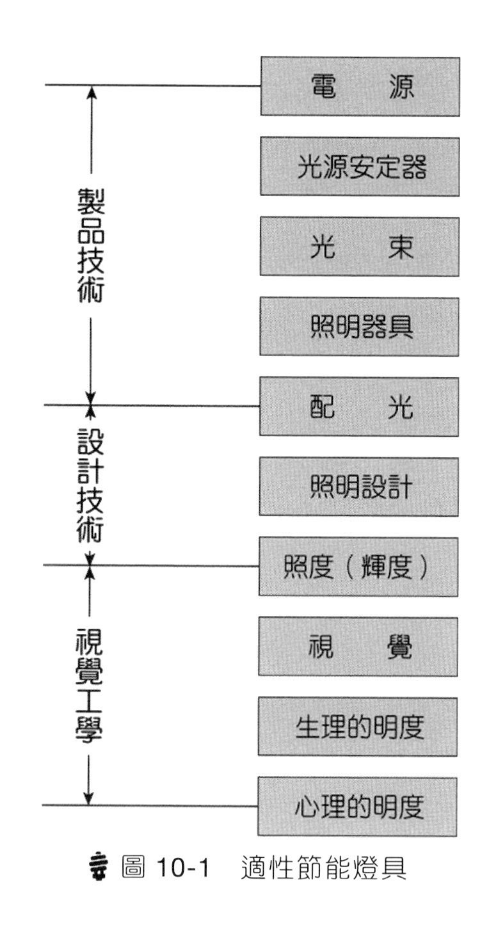

圖 10-1　適性節能燈具

(一) 電光源

1. 白熾燈

(1)一般燈泡；(2)反射燈泡；(3)鹵素電燈泡。

2. 日光燈

(1)一般燈管；(2)高演色性型；(3)三波長型；(4)電燈泡型。

3. 鈉氣燈

(1)高壓鈉氣燈；(2)低壓鈉氣燈。

（二）光源安定器

圖 10-2 為電子式安定器電路，由於沒有鐵損和銅損，其損失較傳統安定器可減少 20～30%以上。因此照明設施選用高功率因數之日光燈及附有電子式安定器為佳。

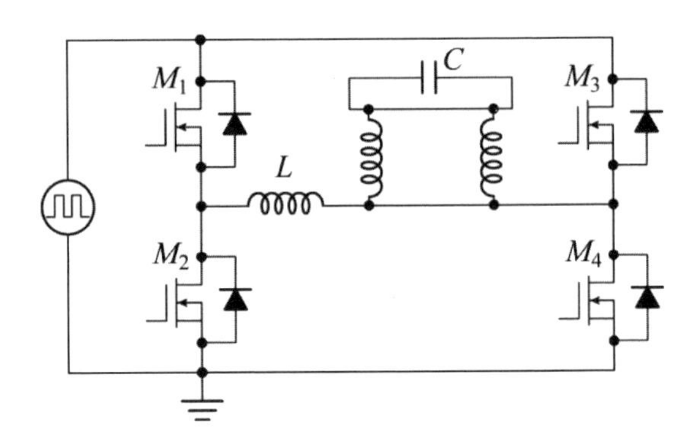

圖 10-2　全橋式日光燈電子安定器電路

（三）燈具數計算

要計算燈具數，必須先求出照度大小。

$$E = \frac{NF \cdot \mu m}{A}$$

E： 照度（單位面積所接收到的光束，光束就是每秒由光源發出之光線，單位為流明）。

N： 燈具數。

F： 每一燈管所出之光束。

μ：照明率（約為 0.6～0.9）。

m： 維護率。密閉型燈具 $m = 0.75$ ，開放型投射燈 $m = 0.65$ 。

A： 所照射之面積。

因此所需之燈具數為：

$$N = \frac{EA}{F \mu m}$$

另外燈具室指數(RI)：

$$RI = \frac{AB}{(A+B)H}$$（A、B 表室內之長與寬，H 表室內高度）

以下舉兩個例子說明之。

例 01

辦公室使用 30 套 20W×4 瞬時式日光燈具，每天使用 12 小時，現在為了提倡節能，更換 40W×2 超高功因預熱式之白光日光燈具，並保持原有照度不變，試計算以下問題：

① 燈具可減少多少具？

② 可節省電力若干 kW（忽略線路損耗）？

③ 每月（以 30 天計）可節省電能若干度？

（假設：電壓為 110V，20W 單管日光燈之光束為 1,080 流明，安定器損耗 12W，40W 白光者為 3,100 流明，雙管安定器損耗 12W。）

解

① 原有照明總光束為 $1{,}080 \times 4 \times 30 = 129{,}600$ 流明，

所需之新燈具數為 $129,600 \div (3,100 \times 2) = 20.9$（需要 21 套）→取整數，故燈具可減少 $30 - 21 = 9$ 具。

② 原有電力負載 $\left[30(20+12)\times 4\right] \div 1,000 = 3.84\ \text{kW}$，

更換後所耗電力 $\left[21(80+12)\right] \div 1,000 = 1.93\ \text{kW}$，

故可節省電力為 $3.84 - 1.93 = 1.91\ \text{kW}$。

③ 每月可節省電能為 $1.91\,(\text{kW}) \times 12(\text{hr}) \times 30 = 687.6$ 度。

例 02

有一辦公室做照明設計，長度22公尺，寬度15公尺，高度3公尺，照度需求500Lux，採用 T-BAR 燈具 FVS-H24413做全般照明（假設桌面0.75公尺，天花板反射率50%，牆壁反射率30%，維護係數0.7，光源1,150Lm ×4），試規劃設計這間辦公室最合適之照明設計，並繪製配置圖。

解

首先求室指數，假設桌面高度為 0.75 公尺，

$$T = \frac{22 \times 15}{(22+15)\times(3-0.75)} = 4$$

查表得出照明率 $U = 0.58$。

最低之燈具數量：

$$N = \frac{E \times A}{F \times \mu \times m} = \frac{500 \times 22 \times 15}{1150 \times 4 \times 0.58 \times 0.7} = 89\text{套}$$

依照室內尺寸最佳化設計，採用 96 套為宜，如圖 10-3 所示。

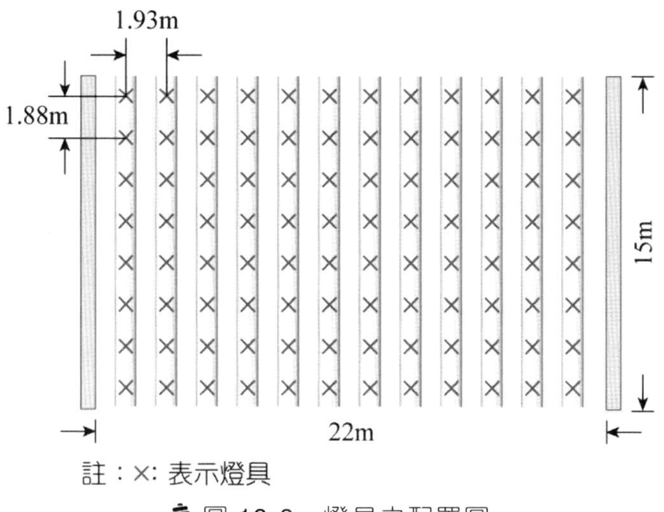

註：×: 表示燈具

圖 10-3　燈具之配置圖

（四）其他考量因素及依循原則

一般照明處所除應考慮節約能源外，亦不宜忽略照度及舒適性。選用省電照明燈具，利用高效率的照明設計方法及控制系統，均勻節約能源，再加上能夠定期做好燈具維護，才能保持舒適的照明環境。

因此使用適當的照明設備，將會有效的節約能源。

1. 選擇適當燈具：以電子式安定器匹配高頻 T-832W 日光燈，較一般傳統式安定器匹配 40W 日光燈省電約 36%，且照度可提高約 10%。
2. 選用省電型嵌燈：在辦公大樓的走廊、會議室、洗手間等，常使用到嵌燈。
3. 採用省電日光燈管：以 40W 雙管日光燈代替 20W 四管日光燈，可省電 31%。

4. 辦公室可參考 CNS 規劃，依照用途，其照度通常在 500～1,500 Lux 之範圍。
5. 對於牆壁及天花板應該盡可能選用反射率較高之乳白色或淺色系列，以增強光線之漫射，進而減少所需之燈具數量。
6. 依照使用場合，以全般照明與局部照明併用為原則。全般照明不需太亮，需要較費眼力的場合可用局部照明來加以補強。
7. 利用建物的自然採光可減少照明用電，亦可減少因調節照明器具之散熱而增加的室內空調用電。
8. 在某些精密作業場所，例如設計室、製圖室等必須採用較高的照度(1,500Lux)。

三、照明控制與維護

1. 配合時序制裝置，可以在預定的時間自動地對照明環境作模式切換，可避免因為忘記關燈而浪費電能。
2. 藉由光線感知器，可自動地調降靠窗燈具的高度或開閉燈具。
3. 利用整體照明控制系統，如照明中央監控系統，配合辦公大樓作息需求，加以監控管理，可節省照明用電量。
4. 定期擦拭燈管、燈具，避免灰塵降低燈具之照明效率。
5. 定期分批更換燈管，可維持應有亮度並節約電能。
6. 日光燈管經濟壽命係指新燈管使用至光束衰減至原來光束 70%的時間。
7. 使用超過經濟壽命之燈管，不僅燈管光束不良、照明效率不佳，同時也浪費電能。

表 10-1、表 10-2、表 10-3、表 10-4 為各式燈具各項發光特性：

表 10-1　日光燈各類型式之比較

採用燈具型式	光輸 Lm／具	燈具耗能 W／具	省能 μ/0	實際照度	照度提高%
一般傳統式安定器日光燈 40W/3	8,400	141	–	752	–
高頻電子式安定器日光燈 T-8　32W×3	9,300	90	36.2	833	10.7

表 10-2　燈泡各類型式照明特性比較

型式	白熾燈泡 100W	鹵素燈 50W	Twin227W	Twin324W
光束	1,520Lm	1,250Lm	1,550Lm	1,800Lm
消耗電力	100W	50W	32W	26W
發光效率	15Lm/W	25Lm/W	48W/W	69Lm/W
壽命	1,000 小時	2,000 小時	6,000 小時	10,000 小時
色溫度	3,000K	3,050K		
演色性	100	100		

表 10-3　各類型日光燈照明特性比較

型式	日光燈 40W×2	日光燈 20W×4
光束	2,800Lm／支×2	1,050Lm／支×4
消耗電力	10W／具	100W 具
發光效率	62Lm/W	42Lm/W
壽命	10,000 小時	7,500 小時
色溫度	晝光色 6,500K	晝光色 6,500K
演色性	78	78

表 10-4 不同起動型式螢光燈之特性比較

螢光燈管容許耗用能源基準、標示與其檢查方式（113 年 7 月 1 日生效）
中華民國 111 年 09 月 26 日
經能字第 1104603940 號 公告

類別			螢光燈管區分	額定螢光燈管功率(W)	發光效率基準（lm/W）		
					晝光色(D)	冷白色(CW) 晝白色(N)	白色(W) 溫白色(WW) 燈泡色(L)
非屬T5之螢光燈管	直管型	預熱起動型	10	10	64	70	73
			15	11~15	78	83	85
			16、20	16~20	90	94	97
			30	21~30	94	98	101
			32、40、50	31 以上	97	101	104
		瞬時起動型	20	16~20	90	94	97
			40	31~40	97	101	104
			60	51~60	89	92	95
			110	100~110	107	107	111
	環管型		20	20,18	64	65	68
			22	22,19	64	65	68
			30	30,28	70	70	71
			32	32,30	78	79	80
			40	40,38	83	89	92
T5螢光燈管	直管型	高效率型	14	14	90	94	97
			21	21	94	98	101
			28	28	97	101	104
			35	35	98	102	105

表 10-4　不同起動型式螢光燈之特性比較（續）

<table>
<tr><th colspan="3" rowspan="2">類別</th><th colspan="2" rowspan="2">螢光燈管區分</th><th rowspan="2">額定螢光燈管功率(W)</th><th colspan="3">發光效率基準（lm/W）</th></tr>
<tr><th>晝光色(D)</th><th>冷白色(CW)
晝白色(N)</th><th>白色(W)
溫白色(WW)
燈泡色(L)</th></tr>
<tr><td rowspan="9">T5螢光燈管</td><td rowspan="5">直管型</td><td rowspan="5">高輸出型</td><td colspan="2">24</td><td>24</td><td>79</td><td>82</td><td>84</td></tr>
<tr><td colspan="2">39</td><td>39</td><td>84</td><td>87</td><td>90</td></tr>
<tr><td colspan="2">49</td><td>49</td><td>92</td><td>96</td><td>99</td></tr>
<tr><td colspan="2">54</td><td>54</td><td>87</td><td>90</td><td>93</td></tr>
<tr><td colspan="2">80</td><td>80</td><td>82</td><td>85</td><td>88</td></tr>
<tr><td rowspan="4">環管型</td><td colspan="3">22</td><td>22</td><td>82</td><td>85</td><td>88</td></tr>
<tr><td colspan="3">40</td><td>40</td><td>86</td><td>89</td><td>92</td></tr>
<tr><td colspan="3">55</td><td>55</td><td>81</td><td>84</td><td>86</td></tr>
<tr><td colspan="3">60</td><td>60</td><td>85</td><td>88</td><td>91</td></tr>
</table>

註：

1. 上表所示類別、螢光燈管區分，應依 CNS691 規定。上表所示 T5 螢光燈管，係指符合 CNS691 規定，且燈管之玻璃管型式為 T15 者。
2. 廠商產品之螢光燈管區分介於上表所示兩鄰近數值間者，應適用兩鄰近之同類別，且發光效率基準值較高之螢光燈管區分所對應之發光效率基準值；廠商產品之螢光燈管區分大於上表所示最大螢光燈管區分數值者，應適用同類別且最大螢光燈管區分所對應之發光效率基準值；廠商產品之螢光燈管區分，有其他無法與上表對應之情形者，應適用同類別、同尺寸，且額定螢光燈管功率較接近之螢光燈管區分所對應之發光效率基準值。
3. 本公告適用之螢光燈管，指符合中華民國國家標準(以下簡稱 CNS)691 規定，額定及實測演色性指數(Ra)在 95 以下，且列入經濟部標準檢驗局應施檢驗品目者；惟植物培植燈、捕蟲燈、半導體專用燈、滅菌燈等彩色螢光燈管不適用本公告。
4. 螢光燈管應符合下列相關規定：
   (1) 螢光燈管之演色性應依 CNS691 相關規定試驗，演色性實測值經四捨五入取至整數位。
   (2) 螢光燈管之發光效率應符合 CNS691 相關規定試驗，發光效率實測值經四捨五入取至小數點後第一位數，標示值與實測值不得低於附表所列基準值，且實測值應在產品標示值之 95% 以上。
5. 螢光燈管應於本體或最小包裝上標示額定發光效率。

四、LED 照明光電產業現況

在節能減碳之潮流下，LED 高效率光源的出現，有取代過去發光效率較低的傳統光源的態勢；LED 照明燈具由光源、外部結構、控制系統所組成，產品依照不同應用場所有不同型式，包含建築、零售、消費可攜、室內照明、住宅、商用、室外照明以及緊急照明等。照明和色彩是人類接觸最頻繁的物理現象，在不同的光強度及顏色下會影響人產生不同的心理層面感受，因此設計符合人因工程的照明，將是未來發展趨勢，預期 2020 年全球 LED 智慧照明市場規模將達 134 億美元。

10-3 動力方面之節能

本節主要探討電動機節能部分，電動機（俗稱馬達）是將電能轉換為機械能的設備，由於馬達動力系統消耗約 70%之製造業電力，即每年大約有 50%的國內用電量是由馬達動力系統所耗用，因此提高馬達動力系統能源效率是製造業節約能源最有效的方式。

依據 2005 年數據顯示，國內 60Hz 三相感應馬達之功率分布，10HP 以下的馬達銷售量最大，占總銷售量的 86%，其中 11HP 以下占 22%，1～4HP 占 39%，5～10HP 占 25%。而 11HP 以上馬達銷售量僅占總銷售量的 14%，其中 11～25HP 占 7%，26～50HP 占 4%，51～100HP 占 2%，100HP 以上占 1%。

我國感應電動機能源效率標準，為民國 70 年制定《能源管理法施行細則》，經濟部於同年 7 月 28 日依既有的 CNS 標準規定，公告電動機能源效率標準，由商品檢驗局納入內銷檢驗；再於民國 88 年 12 月 31 日由經濟部公告《低壓單相感應電動機能源效率標準》，自民國 91 年 1 月 1 日起實施，由表 10-5 所示。

民國 90 年 9 月 12 日，經濟部再度公告《低壓之相鼠籠型感應電動機能源效率標準》，自民國 91 年 1 月 1 日實施，如表 10-6 所示。

表 10-5 低壓單相感應電動機能源效率標準

種類	額定輸出		極數	同步轉速(rmp) 60Hz	滿載效率 η(%)	實施日期
	千瓩 (kW)	馬力(HP) （參考值）				
電容器運轉型	0.075 0.09 0.25	1/10 1/8 1/3	2	3,600	53 以上 58 以上 63 以上	民國91年1月1日起
分相起動型	0.18 0.25 0.37	1/4 1/3 1.2	2	3,600	59 以上 61 以上 67 以上	
	0.09 0.18 0.25	1/8 1/4 1/3	4	1,800	46 以上 54 以上 58 以上	
電容器起動型	0.18 0.25 0.37 0.55 0.75	1/4 1/3 1/2 3/4 1	2	3,600	59 以上 61 以上 67 以上 70 以上 71 以上	
	0.09 0.18 0.25 0.37 0.55 0.75 1.1 1.5 2.2 3.7	1/8 1/4 1/3 1/2 3/4 1 1? 2 3 5	4	1,800	46 以上 54 以上 58 以上 62 以上 65 以上 68 以上 69 以上 70 以上 70 以上	
	0.18 0.25 0.37 0.55 0.75	1/4 1/3 1/2 3/4	6	1,200	48 以上 51 以上 54 以上 57 以上 60 以上	

註：

1. 電容器起動電容器運轉型比照電容器起動型。
2. 滿載效率依 CNS1057 低壓單相感應電動機規定試驗。

資料來源：經濟部能源局。

表 10-6　低壓三相鼠籠型感應電動機 IE2 能源效率基準

額定輸出功率		2 極			4 極			6 極			實施日期
		同步轉速 (rpm)	額定滿載效率 η(%)		同步轉速 (rpm)	額定滿載效率 η(%)		同步轉速 (rpm)	額定滿載效率 η(%)		
kW	HP（參考值）	60Hz	全閉型	保護型	60Hz	全閉型	保護型	60Hz	全閉型	保護型	
0.75	1	3600	75.5	-	1800	82.5	82.5	1200	80.0	80.0	一百零四年一月一日～一百零五年六月三十日
1.1	1.5		82.5	82.5		84.0	84.0		85.5	84.0	
1.5	2		84.0	84.0		84.0	84.0		86.5	85.5	
2.2	3		85.5	84.0		87.5	86.5		87.5	86.5	
3.7	5		87.5	85.5		87.5	87.5		87.5	87.5	
5.5	7.5		88.5	87.5		89.5	88.5		89.5	88.5	
7.5	10		89.5	88.5		89.5	89.5		89.5	90.2	
11	15		90.2	89.5		91.0	91.0		90.2	90.2	
15	20		90.2	90.2		91.0	91.0		90.2	91.0	
18.5	25		91.0	91.0		92.4	91.7		91.7	91.7	
22	30		91.0	91.0		92.4	92.4		91.7	92.4	
30	40		91.7	91.7		93.0	93.0		93.0	93.0	
37	50		92.4	92.4		93.0	93.0		93.0	93.0	
45	60		93.0	93.0		93.6	93.6		93.6	93.6	
55	75		93.0	93.0		94.1	94.1		93.6	93.6	
75	100		93.6	93.0		94.5	94.1		94.1	94.1	
90	125		94.5	93.6		94.5	94.5		94.1	94.1	
110	150		94.5	93.6		95.0	95.0		95.0	94.5	
150	200		95.0	94.5		95.0	95.0		95.0	94.5	
185~200	250~270		95.4	95.2		95.4	95.6		95.0	95.4	

註：1. η 為額定滿載效率，實測滿載效率依中華民國國家標準 CNS 14400「低壓三相鼠籠型高效率感應電動機(一般用)」或依中央主管機關規定之標準試驗。

2. 廠商於銘牌上的滿載效率標示值不得小於標準值。

3. 實測之滿載效率不得小於標示值 η' 減去許可差 ε，許可差 ε 計算方式如下：

$\varepsilon = (1-\eta') \times 15\%$　(額定輸出功率≤150kW 之電動機)

$\varepsilon = (1-\eta') \times 10\%$　(額定輸出功率＞150kW 之電動機)

4. 滿載效率之實測值(%)計算至小數點後第一位，小數點後第二位四捨五入。

5. 若未表列之輸出功率「大於或等於」其大一級輸出功率和小一級輸出功率之平均值，以大一級輸出功率之效率為檢驗標準。

6. 若未表列之輸出功率「小於」其大一級輸出功率和小一級輸出功率之平均值，以小一級輸出功率之效率為檢驗標準。

資料來源：經濟部能源局。

為了要使電動機節能，就必須要提高效率，效率要能提升則必須降低損失方能有所改善，以下為降低電動機損失之重要改善措施。

一、降低損失之改善措施

可分為鐵損、銅損及機械損等方面來說明：

（一）鐵損

採用比較薄而品質高的磁性材料，減少渦流損失，並增加鐵心用料，降低磁通密度，減少損失。

（二）銅損

1. **一次**：對於定子部分之銅料加大截面積並增多，以減少損失。
2. **二次**：對於轉子部分採較大銅棒、截面積增加，減少電阻。

（三）機械損

採用高效率風扇、轉承等。

二、電動機效率提升之改善措施

（一）感應馬達改直流無刷馬達

可解決轉子銅損之問題。

（二）馬達轉子磁阻扭力應用

減少定子銅損。

（三）稀土類磁石採作

減少銅損。

（四）矽鋼片高等級化

降低鐵損。

（五）定子集中繞線孔

定子銅損降低。

因此應以電動機效率檢測評估，三相電動機測試依據 CNS14400，單相電動測試依據 CNS1057 以評估效率。

三、綜合改善措施

綜上所述，電動機之節能技術如下所列：

（一）使用高效率電動機

策略→減少下列損失：

1. 定子銅損

(1) 增加鐵心長度以及減少氣隙，可使一次電流 I_1 減少，則 I^2R 損失亦減少。

(2) 增大一次繞阻的線徑，降低電阻 R。

2. 轉子銅損

增加轉子繞組之線徑。

3. 鐵損

(1) 選用低損失高導磁性的鐵心材料。

(2) 適當的氣隙與鐵心長度。

4. 降低雜散負載損

可使用低損失的鐵心材料。

（二）選用適當容量之電動機

電動機容量應保持在額定容量的 70～100%下運轉，其效率最高。

$$馬達容量 \geqq \sqrt{\sum P_i^2 t_i / T}$$

（三）防止過載或欠相運轉

可藉由 $3T_2$ 電驛保護之。

（四）適當的傳動裝置

1. 皮帶輪傳動(70～90%)。
2. 齒條傳動(75～85%)。
3. 齒輪傳動(93～96%)。
4. 直接連動(100%)。

（五）汰換老舊電動機

（六）選擇效率高的變速方式

採用變頻式改變電動機之速度。

例 03

有一臺 40 kW 的三相馬達，效率為 92%，該馬達輸入功率 $P_{in} = \frac{P_o}{\eta_1} = \frac{40\text{ kW}}{0.92} = 43.48\text{ kW}$，每小時使用 43.48 度電，若將其改為高效率 $\eta_2 = 95\%$，試求年節省金額若干？（每年使用 8,000 hr）（臺電每度電平均為 3 元）（η_1：標準效率，η_2：高效率）

解

應用公式，每年運轉電力成本節省（由$\eta_1 \rightarrow \eta_2$時）：

$$\left[\text{kW} \times \left(\frac{100}{\eta_1} - \frac{100}{\eta_2} \right) \times \text{運轉時數／年} \times \text{電價／度} \right]$$

$$= 40 \times \left(\frac{100}{92} - \frac{100}{95} \right) \times 8{,}000 \times 3 = 32{,}640 \text{ 元}$$

10-4 空調方面之節能

所謂空調就是空氣調節(Aircondition)，是將空間的溫濕度(Hwmidity)保持於所希望之定值，同時除去塵埃、二氧化碳、煙霧等不潔氣體，使空氣清淨，進而使其中活動的人、物品或儀器設備等獲得最適宜之環境。

一、舒適空調之理想條件

（一）溫度與濕度要適當

一般夏季之溫度約控制在 25±2°C，相對濕度(Relative Humidity, RH)55±5%，冬季溫度則大約控制在 22±2°C，相對濕度 45±5%。

（二）空氣要流通且安靜

空氣之流速對流汗蒸發影響甚大，且與室內對流效果有關。一般而言，以人體感覺不出之氣流 0.2～0.3m/s 為宜。

（三）空氣新鮮乾淨

要適當換氣並予以過濾去除惡臭與毒氣，將 CO_2 濃度控制在 0.15% 以內，且每個人外氣體量能維持在 30～60m/hr。

（四）無噪音

無干擾與音頻以及無壓迫感之噪音度，一般應在 50 分貝(dB)以下。

二、冷凍單位

冷凍單位通常以冷凍噸 RT(Refrigeration Ton)表示。所謂冷凍噸係針對一噸之冰在冰點時，於一天（24 小時）內溶化成水所需之熱量。然而通用的冷凍噸有兩種，即英制冷凍噸及公制冷凍噸，其量化的區別如下所列：

（一）英制冷凍噸

1 冷凍噸＝2,000 磅×144Btu／磅（冰的溶解熱）／天

＝288,000Btu／天

＝200Btu／分鐘

（二）公制冷凍噸

1 冷凍噸＝1,000 公斤×79.6 卡／公斤／天

＝79,600 仟卡／天

＝55.3 仟卡／分鐘

三、冷凍空調原理

可用來分析冷凍空調原理之循環過程，那就是卡諾冷凍循環(Carnot refrigeration cycle)。

在一連續之冷凍過程，熱量由低溫吸進，而在高溫排出，正好與熱機循環相反，要將熱量從低溫處傳至高溫處。如同熱機一樣，最理想之冷凍循環叫做卡諾冷凍循環，即包括兩個等溫過程，兩個絕熱過程，此卡諾循環自低溫處 T_2 吸收熱量 Q_2，在高溫處 T_1 放出熱量 Q_1，而從外界供給之能量為 W，因此 $W = Q_1 - Q_2$，如圖 10-4 所示：

$$Q_1 = T_1 \Delta S$$

$$Q_2 = T_2 \Delta S$$

$$\frac{W}{Q_1} = \frac{T_1 - T_2}{T_1}$$

$$\frac{W}{Q_2} = \frac{T_1 - T_2}{T_2}$$

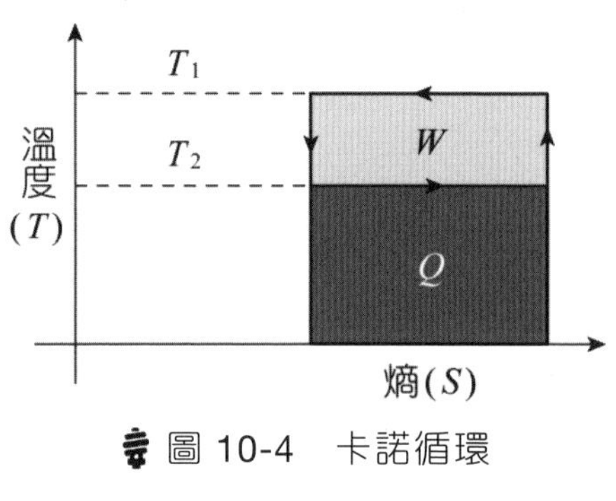

圖 10-4　卡諾循環

四、冷凍效率及重要結構

冷凍機的效率一般是以其系統之操作係數 COP 表示，也就是冷凍機所吸收之熱能與所需耗用之電能或所需加入熱量之比。以下式子表示之：

$$COP = \frac{\text{所吸收之熱量}}{\text{因吸收熱量所耗之電動}} = \frac{Q}{W}$$

實際上，冷凍機效率通常以能源效率比值(Energy Efficiency Ratio, EER)表示，它係指輸入 1 瓦特電力，該系統所能提供之冷卻能力。

$$EER = \frac{Q}{P} \quad \left(\frac{\text{Btu/ hr}}{\text{W}} \text{ 或 } {}^{\text{Kcal}}\!/_{\text{hr}}\!/_{\text{W}} \right)$$

至於構成空氣調節器之設備，有溫度、濕度調整之空氣冷卻器、空氣加熱器、加濕器、送風機、風道、集塵裝置、換氣裝置以及自動控制裝置等。

五、空調系統之管理

（一）適宜容量

配合空間大小需求，而設計之。

（二）減輕熱負荷

減少太陽輻射等外界熱能之進入，以降低冷暖氣負荷量。

（三）有效的控制

裝置自動控制溫度、風量、溫度及分區量配置系統。

（四）採用效率空調系統

（五）回收熱能

回收所排放廢熱、廢氣再利用。

（六）建立儲能技術

將離峰時間之電力轉換儲存能源（熱水或冰水），以提供尖峰時間使用。

六、空調系統的節能策略

（一）選用高效率之空調系統

冷氣機之效率以能源比值(EER)來衡量。

（二）減少熱負載

熱負載包括人體及機器等室內會發生熱量之來源，以及外界經輻射或進入室內之熱源。因此建築物外殼如屋頂、牆壁、玻璃等應考慮熱傳透率的問題，以及建築物內若有回風口，可將熱量直接由回風口排出。

（三）隔熱與冷氣防止外洩

防止外界負荷，如日射熱、玻璃窗透熱、屋頂透熱、牆壁透熱、間隙熱等，並且防止冷氣的外洩。

（四）溫度控制

溫度控制在 26～28°C 之間為佳。

（五）冷卻水塔

冷卻水塔時常清洗。

（六）減少空調輸送系統之動力

表 10-7 為窗型冷氣機能源效率比值標準對照表，表 10-8 為空調系統冰水主機能源效率標準，表 10-9 為電冰箱能源因數值標準。

表 10-7　窗型冷氣機能源效率比值標準對照表

中華民國 90 年 9 月 12 日

經（九〇）能字第 09004619170 號

<table>
<tr><th colspan="4">窗型氣冷式（消耗電功率 3kW 以下）</th><th>適用舊版
CNS3615</th><th>適用新版
CNS3615 及
CNS14464</th><th rowspan="3">實施日期</th></tr>
<tr><th rowspan="2">機種</th><th colspan="2">總冷氣能力</th><th rowspan="2">型式</th><th rowspan="2">能源效率比值(EER)
Kcal/h.W
(Btu/h.W)</th><th rowspan="2">能源效率比
(EER)</th></tr>
<tr><th>適用舊版
CNS3615</th><th>適用新版
CNS3615 及
CNS14464</th></tr>
<tr><td rowspan="3">單體型</td><td>低於 2,000Kcal/h</td><td>低於 2.3kW</td><td>一般型式、變頻式
(60Hz)</td><td>2.33(9.24)</td><td>2.71</td><td rowspan="6">民國91年1月1日</td></tr>
<tr><td>2,000Kcal/h 以上
3,550Kcal/h 以下</td><td>2.3kW 以上
4.1kW 以下</td><td>一般型式、變頻式
(60Hz)</td><td>2.38(9.44)</td><td>2.77</td></tr>
<tr><td>3,550Kcal/h 以下</td><td>高於 4.1kW</td><td>一般型式、變頻式
(60Hz)</td><td>2.24(8.89)</td><td>2.60</td></tr>
<tr><td rowspan="3">分離式</td><td rowspan="2">3,550Kcal/h 以下</td><td rowspan="2">4.1kW 以下</td><td rowspan="2">一般型式、變頻式
(60Hz)</td><td>2.55(10.12)</td><td>2.97</td></tr>
<tr><td>2.38(9.44)</td><td>2.77</td></tr>
<tr><td>高於 3,550Kcal/h</td><td>高於 4.1kW</td><td>一般型式、變頻式
(60Hz)</td><td>2.35(9.32)</td><td>2.73</td></tr>
</table>

註：

1. 適用舊版 CNS3365 室內空氣調節機（民國 84 年 12 月 21 日修正發布）者，能源效比值(EER)依該標準規定試驗之冷氣能力(Kcal/h)除以規定試驗之冷氣消耗電功率(W)，其比值應在上表標準值及標示值 95%以上。
2. 適用新版 CNS3615 無風管空氣調節機（89 年 10 月 24 日修正發布）及 CNS14464 無風管空氣調節機與熱泵之試驗法及性能等級（89 年 10 月 24 日發布）者，能源效率比(EER)依該等標準規定在 T1 標準試驗條件下試驗之總冷氣能力(W)除以有效輸入功率(W)，其比值應在上表標準值及標示值 95%以上。

資料來源：經濟部能源局。

表 10-8　冰水機組製冷能源效率分級基準法

中華民國 108 年 8 月 20 日
經能字第 10804603470 號
公告附表：蒸氣壓縮式冰水機組容許耗用能源基準與能源效率分級標示事項方法及檢查方式

冰水機組類型		標示額定製冷能力	製冷能源效率分級基準 性能係數(COP)		
			3 級	2 級	1 級
水冷式	容積式	<528kW	4.45	4.80	5.15
		≧528kW <1758kW	4.90	5.30	5.70
		≧1758kW	5.50	5.90	6.35
	離心式	<528kW	5.00	5.40	5.80
		≧528kW <1055kW	5.55	5.95	6.40
		≧1055kW	6.10	6.60	7.10
氣冷式		全機種	2.79	3.00	3.20

註：
1. 冰水機組性能係數(COP)依 CNS 12575（96 年版）「蒸氣壓縮式冰水機組」於全載標準試驗條件，及各積垢容許值皆為零值下，實測所得之額定製冷能力除以額定製冷消耗電功率，採四捨五入計算至小數點後第二位，須符合附表一規定。
2. 實測所得之額定製冷能力及性能係數應大於產品標示值 95%以上。
3. 經中央主管機關審核具有 CNS 12575 中所述熱回收功能之冰水機組，不適用本表分級基準。

表 10-9　電冰箱能源因數值基準

中華民國 95 年 1 月 6 日　經授能字第 09520080110 號
公告附表：電冰箱能源因數值基準

型 式	能源因數值基準（公升／千瓦小時／月）	實施日期
低於 400 公升風扇式冷凍冷藏電冰箱	E.F.=V/(0.037V+24.3)	中華民國 100 年 1 月 1 日
400 公升以上風扇式冷凍冷藏電冰箱	E.F.=V/(0.031V+21.0)	
低於 400 公升直冷式冷凍冷藏電冰箱	E.F.=V/(0.033V+19.7)	
400 公升以上直冷式冷凍冷藏電冰箱	E.F.=V/(0.029V+17.0)	
冷藏式電冰箱	E.F.=V/(0.033V+15.8)	

註：1. 冷凍冷藏式電冰箱及冷藏式電冰箱依 CNS 2062 標準定義之。
2. 上表所列皆以等效內容積計算之。
3. 表中等效內容積 V（公升）=VR + K×VF
VR（公升）：冷藏室有效內容積
VF（公升）：冷凍室有效內容積
K 值：冷凍室等效內容積換算係數，二星級為 1.56；超二星級者為 1.67；三星級及四星級為 1.78。
4. 等效內容積及 EF 值皆計算至小數點後第一位，小數點後第二位數即四捨五入。
5. 電冰箱能源因數值依 CNS 2062 規定方法計算，其值不得小於上表基準值，並在產品標示數值之 95%以上。

△ 可變冷媒量熱源系統(Variable Refrigerant Volume, VRV)

VRV 特點：

可針對室內熱負荷變動來改變冷媒流量，形成主機側空調節能技術，並且可依照各區域之用途性質，分別選用合適的室內機種。再利用變頻技術，使得主機隨著空調負載的變化調整運轉轉速，以控制啟動頻繁及使用期間溫度變化過大的現象，進而達到節省能源的效果。

△ 空調節能管理監控系統

在管理方面包含：

1. 契約容量適當的訂定（尖峰、離峰、非尖峰）。
2. 負載分配最佳化。
3. 需量控制。
4. 功率因素改善。
5. 照明系統設計。
6. 電動機省能改善。
7. 保護電驛設定。

10-5 建築方面之節能

建築空調耗能係指由建築外牆、玻璃及換氣，而進入室內的外來熱能，再加上室內之相關電氣設備、燈具、人員之發散熱，這些總和成為室內空調負荷。這些熱量必須利用空調系統予以排除，才能有效的控制

空調區間之溫濕度於舒適的範圍內；至於建築物室內的冷、暖、寒、暑等居住環境之冷熱感覺，均與太陽日照有著密切的關係。

建築物有關空調節能部分，可概分為自然式與機械式兩種，前者主要針對建築物外殼受日照影響之節能方法，例如建築物方位、開窗率、遮陽、外殼材料等之設計規劃；後者是經由空調設備提供冷暖氣舒適條件之需求，並且考慮節能之設計。因此，良好的建築設計，需考量外在氣候對室內環境舒適度的影響，同時也要降低機械式空調負荷，使耗能降低，達到節約能源之效率。

一、建築物所擁有的面向可分爲三部分

（一）生態部分

包含保護生態系統與節能：1.節能。2.減少排放。3.改進建築物的壽命。

（二）節約部分

包含有保存的價值以及低運作的價值。

（三）社會文化部分

具有美學的觀點、健康保護及舒適。

二、建築物熱能產生及進入途徑

1. 內部產生(Internally generated)27%。
2. 滲透(infiltration)16%。
3. 輻射熱(Radiant heat)32%。
4. 傳導熱(Conduction heat)1%。

5. 屋頂(Roof)14%。

6. 牆(Wall)10%。

三、我國現行建築節約能源法令體系

1. 建築外殼節能設計法令（ENVLOAD 管制）。

2. 建築空調節能設計法令（PACS 管制）。

3. 建築空調用電管制法令（空調用電密度管制）。

首先介紹 ENVLOAD 之意義，其為評估開窗、方位、遮陽、外型設計等因素所影響的耗能量之指標。在學術用語上，ENVLOUD 定義就是一年 8,760 小時的總熱負荷量。其應用公式如下：

$$\text{ENVLOAD} = a_0 + a_1 \times G + a_2 \times L \times DH + a_3 \times (\sum MK \times IHK)$$

其中 a_0、a_1、a_2、a_3 與 DH（溫度差）、IH（室內熱）均為常數。
（L：外殼隔熱變數，M：日射遮蔽因素，$L \times DH$：內外溫度熱值，$MK \times IHK$：日射熱值。）

依照建築技術規則，ENVLOAD 基準值如下：

辦公建築 ENVLOAD 值 $< 130 \left(\frac{KVA}{\text{m}^2} \right)$

百貨建築 ENVLOAD 值 $< 300 \left(\frac{KVA}{\text{m}^2} \right)$

旅館建築 ENVLOAD 值 $< 130 \left(\frac{KVA}{\text{m}^2} \right)$

四、建築空調節能系統

目前較可能被採用來節約空調耗能量的設備系統，可分為節約熱源或搬運機器的能源兩部分。前者主要是針對空調主機(Chiller)，後者又可再細分為冰水側(chiller water side)及空氣側(air side)兩類，分別利用泵浦運送冷水及輸送空氣。

至於空調系統節能效率評估指標(Performance of Air Conditioning System, PACS)，又稱為空調系統係數，其公式為：

$$PACS = \frac{\text{全年空調系統耗能量}}{\text{全年空調負荷}}$$

五、建築物之節能策略

(一) 外殼節能策略

外殼節能可以分別由屋頂部、開口部及不透光的外牆部等三方面來說明：

1. 屋頂部分

以斜屋頂面、中空閣樓的通氣方式作為隔熱層，此外閣樓空間可作為設備管路之用。

2. 開口處理

外牆門窗開口，以南北向為主，東西向盡量減少開口，南面、西面的開口，利用較深之陽臺作為遮蔭，以降低輻射之影響。

3. 外牆

外牆材料採用隔熱板施工，外層塗料以隔熱塗料為主。

（二）內部節能策略

1. 空調系統

儲冰式空調系統是利用冷主機於離峰時段製冰，而將多餘的冷凍能力儲存起來，在尖峰時段釋放出冷氣的一種可大幅節省運轉電費的空調系統。另一方面可將變頻器應用於空調系統的範圍及增加數量，諸如冷凍主機、冰水泵浦、冷卻水泵浦、冷卻水塔風車等，將有效率掌握能源使用，而系統亦可運轉得更為順暢。

2. 照明部分

在照明方面，選用省電照明燈具，利用有效率的照明設計方法及控制系統，可達到符合標準之照度及舒適性，以下分別說明執行之策略。

(1) 增設照明節能監控系統。

(2) 選用高效率燈具。

(3) 採電子式日光燈。

(4) 配合室內照度而調整燈具之數量。

(5) 規劃合宜之燈具迴路開關。

(6) 增添感應點滅開關。

(7) 汰舊換新。

3. 電力系統部分

(1) 增設電力節能監控系統。

(2) 訂定最佳化之契約容量。

(3) 裝設自動功因調整器。

(4) 增設需量控制系統。

10-6 電能管理系統

一、電能管理系統簡介

配電自動化可利用集中監控的變電所 SCADA 系統，SCADA(Supervisory Control And Data Acquisition)資料採集與監控系統是電能管理系統的核心，主要功能是對電力系統運作的監視及控制。

SCADA 系統示意圖，如圖 10-5 所示：

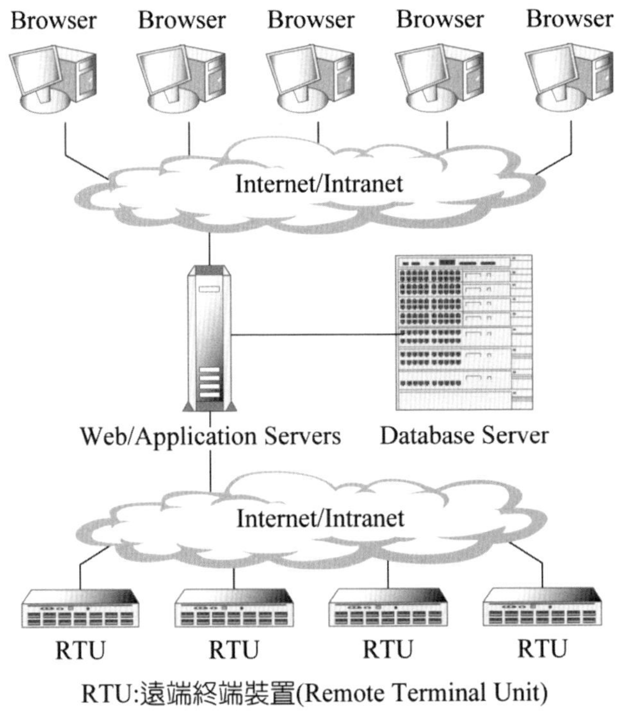

圖 10-5　SCADA 系統示意圖

二、一般 SCADA 系統結構

可以分為四個主要部分：

（一）通訊網路

利用金屬電纜、光纖電纜、電力線載波、衛星通訊、無線電系統或微波通訊系統等，將資料在中央控制站和遠端控制站之間傳送。

（二）訊號控制器

將數位或類比的訊號，和遠端控制站作溝通。

（三）遠端控制站

收集和轉換設備資料，將資料傳送至中央控制站。

（四）中央控制站

主要功能為收集系統的資訊、診斷事故發生、送出警報、儀器操控等。

電能管理系統是以 SCADA 系統為核心，配置數位式多功能電錶及軟體系統，可作為電力狀態資料之擷取及遠端設備之控制，其將透過介面獲得整體用電之資料，與監控遠端的設備狀況，進而對設備下達控制命令，直接對開關設備執行操控。

另外在負載端之電力系統中，為了有效減少系統之尖峰時間用電，以提高供電設備利用率及整體電能使用率，將依照電力公司訂定之契約容量，控制部分用電負載以減少電費支出，此為需量控制。

在各項用電中，空調用電是造成尖峰負載的最主要來源，若可針對空調用電做即時的負載管理，那麼當負載達到設定比率後，直接使用降低負載控制，便可舒緩供電吃緊的問題。

10-7 智慧型電網

一、智慧型電網之定義

智慧型電網(Smart Grid)是一種現代化的電力系統網路，利用資訊及通訊科技，建置具備智慧化之發電、輸電、配電及用戶的整合性，強調自動化、安全、節能減碳、效率、供電品質及電網可靠度。

智慧型電網架構包含一個智慧型電表基礎建設(AdVanced Metering Infrastructure, AMI)，採用智慧型電表(Smart Meter)，記錄所有電能的流動，減少電能傳輸耗損，並整合太陽能、風能及燃料電池，再配合儲能裝備，做自動電力調度與配置，如圖 10-6 所示。

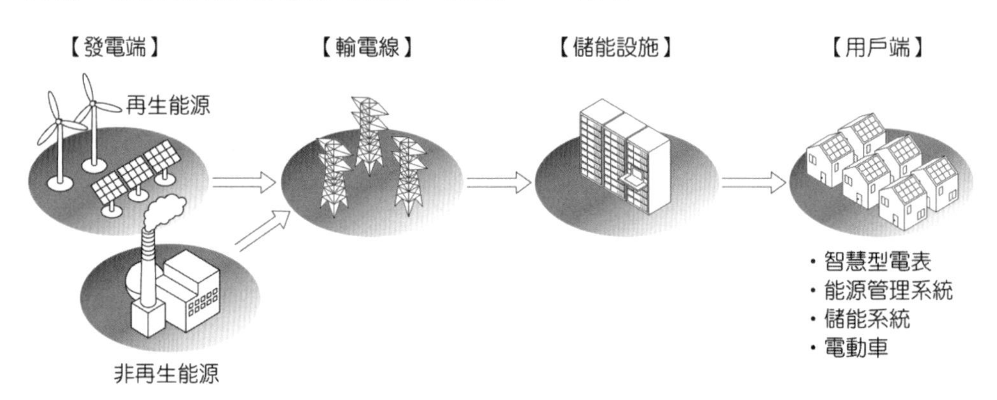

圖 10-6　智慧型電網

二、智慧型電網在電力系統扮演之角色

智慧型電網是透過分散式發電機組（例如：再生能源、燃料電池、傳統的小規模發電機組），與儲能系統和負載端結合，而形成小型獨立電網。在正常狀況下，智慧電網與主電網互聯，可減少停電事故，且採用需量反應與儲能系統，達成供電高的可靠度。

因此，智慧電網對電力系統之影響，有下列五點：(臺灣能源期刊)

1. 提高電力供應之整體效率、品質及可靠度。
2. 提升電力公司的經營績效。
3. 用戶主動地參與能源管理。
4. 可容納更多的再生能源。
5. 促進經濟的正向發展。

我國智慧電網之規劃，以 20 年為推動時程，共分為三階段，分別敘述如下：(經濟部能源局)

1. 前期布建（5 年：2011～2015 年）
2. 推廣擴散（5 年：2016～2020 年）
3. 廣泛應用（10 年：2021～2030 年）

有三個階段以確保四項預訂目標：

1. 確保穩定供電。
2. 加強節能減碳。
3. 提升綠能使用。
4. 帶領低碳產業。

世界各國在智慧電網上都有預訂目標與里程碑，以美國、德國、臺灣做為說明：

1. 美國 2030 年智慧電網預訂目標

(1) 減少 20%國家尖峰能源使用。

(2) 改善 40%能源系統效率及負載因數達至 70%。

(3) 有 20%電力來自分散式和再生能源。

2. 德國在 2020～2050 年預訂目標

(1) 在 2020 年前可承受 35%電力來自分散或集中式再生能源。

(2) 在 2050 年發電達到完全除碳化。

3. 臺灣在智慧電網推動成果

(1) 於 2018 年預訂完成之成果，高壓 AMI 已完成全數 2.8 萬戶，低壓完成 20 萬戶。

(2) 預計 2020 年完成 100 萬戶，2024 年完成 300 萬戶。

智慧電網推動之具體作法：（經濟部能源局）

1. 智慧發電與調度

(1) 提升再生能源併網的比例。

(2) 提高發電廠效率與可靠度。

2. 智慧型輸電／配電

(1) 提升輸電效率及配電自動化。

(2) 強化輸電安全。

3. 智慧用戶

(1) 智慧型電表基礎建設。

三、結語

由於智慧型電網將先進的資通訊相關技術應用在電力系統上，對於電力既有的運轉調度的程序和客戶用電模式產生頗大轉變。藉智慧電網的建置，預期能提升電力供應的效率、品質、可靠度，以及使用端客戶主動參與能源管理，並且裝置更多的再生能源，促進整體經濟發展。

EXERCISE

選擇題

( )1. 下列哪一項設備可以節能？ (1)變壓器 (2)變頻器 (3)加壓器 (4)阻尼器。

( )2. 利用各項節能技術設計，有效改善同作效率，以及降低能源的損失，這稱為 (1)管理 (2)加壓 (3)製程 (4)節能。

( )3. 推動照明節能，使用何種燈具最有效照明節能？ (1)螢光燈 (2)白熾燈 (3)LED 燈 (4)以上皆非。

( )4. 避免空調設備供過於求，而造成能源浪費所配置上的設施是 (1)變頻器 (2)比壓器 (3)比流器 (4)同步器。

( )5. 下列哪一項不屬於溫室氣體？ (1)二氧化碳 (2)甲烷 (3)氫氣 (4)氧化亞氮。

( )6. 節能技術分為兩個部分，一者是藉由技術的規劃設計減少能源消耗量，另一者是 (1)提高能源使用效率 (2)提高電壓 (3)改變相位 (4)改變相角。

( )7. 空調節能主要的兩個重點，一為提高熱交換率，另一個為 (1)減少電壓 (2)減少壓縮機運轉 (3)降低溫度 (4)減少功率因數。

( )8. 電力系統之需量反應可達到哪項功能？ (1)節能 (2)儲能 (3)放電 (4)以上皆非。

( )9. 削峰填谷在電力系統主要目的為 (1)調整用電負荷 (2)提升功因 (3)提升效率 (4)以上皆非。

( )10. 馬達要達到節能，必須要具備何者條件？ (1)大容量 (2)高效率 (3)高轉速 (4)以上皆非。

EXERCISE

問題與討論

1. 節能技術應用實施有哪些方面？
2. 試述照明方面如何節能？
3. 試述動力方面如何節能？
4. 試述空調方面如何節能？
5. 試述建築方面如何節能？
6. 何謂電能管理？
7. 何謂智慧電網？

儲能概論與應用

11-1 電池概論

一般所謂電池是指通過正負極間的電化學反應，將化學能轉化為電能的裝置。電池又分為一次電池及二次電池。一次電池無法再次充電，二次電池具有充電與放電功能。如圖 11-1 所示，為鉛酸電池作用原理圖。

電池充電：將電能轉化為化學能進行儲存。

電池放電：將化學能轉化電能釋放，作為電源供應之用。

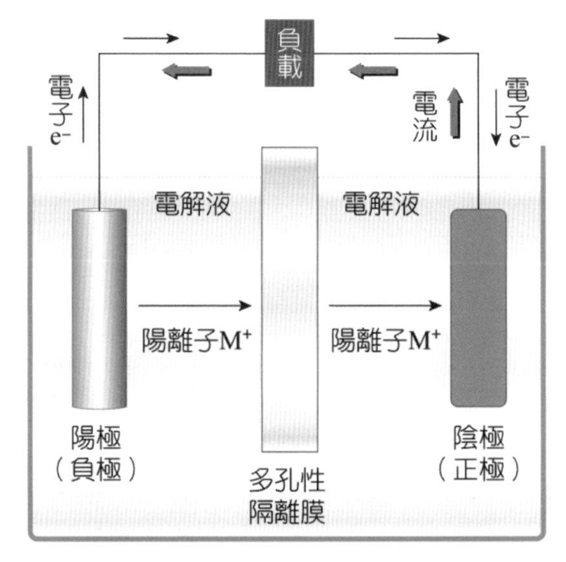

※ 陽極（負極）為鋅金屬套管
陰極（正極）為碳粉與二氧化錳包圍的石墨

圖 11-1　鉛酸電池作用原理圖

鉛酸電池帶電狀態下，正極主要成分為二氧化鉛，負極主要成分為鉛，電解液是硫酸溶液。通常使用 6 個單格鉛酸電池，每格之標稱電壓是 2.0V，可充電至 2.4V，放電至 1.5V，串聯起來之標稱電壓是 12V，還有其他規格如 24V、36V、48V 等。

當蓄電池充電時，蓄電池的正負極分別與直流電源的正負極相連接，當充電電源的端電壓高於蓄電池的電壓值時，此時電流從蓄電池的正極流入，負極流出，這個過程稱為充電。在放電部分，蓄電池接上負載時，電流會從蓄電池的正極經過外電路負載，流向電池的負極，這一過程稱為放電。其正負極反應式如下：

正極：$2PbO_2 + 2H_2SO_4 \longrightarrow 2PbSO_4 + O_2 + 2H_2O$

負極：$Pb + H_2SO_4 \longrightarrow PbSO_4 + H_2$

(一) 電化學

電化學家族分為三部分：

1. 原電池：乾電池（一次電池）。

2. 蓄電池：包含鉛酸電池、鎳氫電池、鋰離子電池（二次電池）。

3. 燃料電池：使用燃料為氫與氧，產物為水，是一種乾淨能源。

△ 電池的容量

電池容量一般使用安培一小時(Ah)為單位，而電池放電電流越小，化學反應較慢，放電時間較長，相反的放電電流越大，則化學反應較快，放電時間越短。放電率的概念，說明如下：

1. 放電率 1C：代表以 1A 放電，可使用 1 小時。

2. 放電率 2C：代表以 2A 放電，可使用 1/2 小時。

3. 放電率 0.5C：代表以 0.5A 放電，可使用 2 小時。

△ 蓄電池的五個主要參數

1. 電池的容量：通常安培小時(Ah)表示。
2. 標稱電壓：電池正負極之間的電位差稱之標稱電壓。
3. 內阻：電池的內阻決定極板電阻和離子流阻抗。
4. 放電終止電壓：指蓄電池放電時允許的最低電壓。
5. 充電終止電壓：指蓄電池充電時容許的最高電壓。

△ 電池的能量與密度

1. 能量(Energy)Wh＝電壓×電流×放電時間
2. 體積能量密度(Wh/L)＝釋放總電能／電池體積
3. 重量能量密度(Wh/Kg)＝釋放總電能／電池重量

$$1\text{ 安培(A)} = 1\frac{\text{庫倫(coulomb)}}{\text{秒(s)}}$$

$$1\text{ 安培小時}(A\cdot h) = 1\frac{\text{coulomb}}{\text{s}} \times (3600\text{s}) = 3600\text{庫侖(coulomb)}$$

$$1V\cdot Ah = 1V \times 3600\text{ coulomb} = 3,600\text{焦耳(J)}$$

$$1W\cdot h = 3,600\text{ (J)}$$

（二）氧化(Oxidation)與還原(Reduction)反應

氧化反應是指物質得到氧，失去電子的過程。

還原反應是指物質失去氧，得到電子的過程。如圖 11-1 所示，在陽極(Anode)陽離子所流向的電極，產生氧化作用，是為電池的負極(-)。在陰極(Cathode)陰離子所流向的電極，產生還原作用，是為電池的正極(+)。

電池的作功：$W = QV$

（Q：電荷，V：電壓。）

$$Q = n \times F$$

（n：每莫耳的電子數，F：法拉第常數 96485C/mole of election，$V = E_{cell}$（電池電壓）。）

11-2 鋰離子電池

ECO FRIENDLY TECHNOLOGY

鋰離子電池(Lithium-ion battery)與鋰電池不同，鋰離子電池是二次電池可充電，而鋰電池是一次電池不可充電。

鋰離子電池其運作原理是藉由鋰離子在正負極間移動來完成，目前鋰離子正極材料有：鋰鈷氧化物($LiCOO_2$)、錳酸鋰($LiMn_2O_4$)、鎳酸鋰($LiNiO_2$)及磷酸鋰鐵($LiFePO_4$)。而負極採用鋰－碳化合物(LiX_6C_6)。

鋰離子電池具有高能量密度、無記憶效應、少量之電能損耗的特性。如圖 11-2 所示，為鋰離子電池的充放電工作圖。

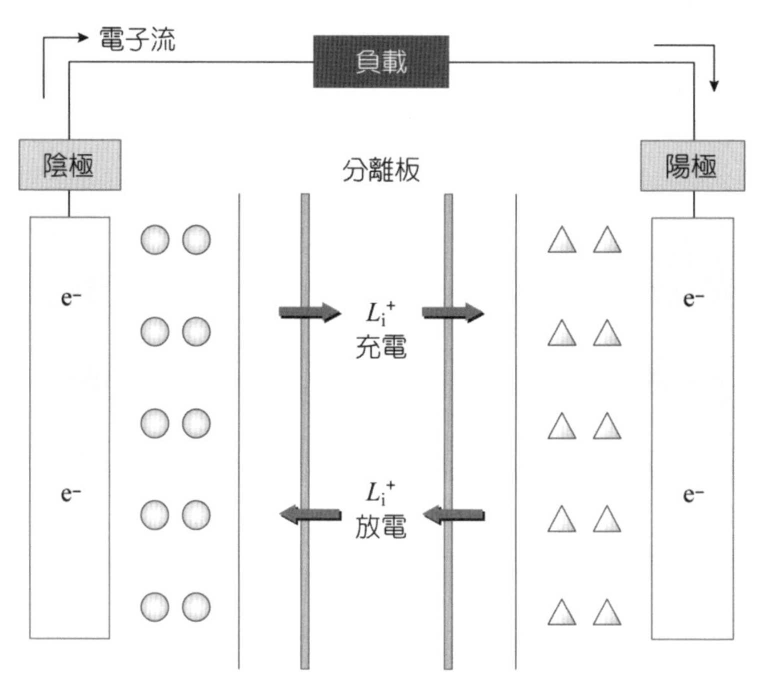

圖 11-2　鋰離子電池之工作原理

(一) 磷酸鋰鐵電池(Lithium Iron Phosphate)

磷酸鋰鐵（分子式：$LiFePO_4$）是指使用磷酸鋰鐵作為正極材料的鋰離子電池，實體圖如圖 11-3 所示，其工作原理如圖 11-4 所示。

圖 11-3　磷酸鋰鐵實體圖

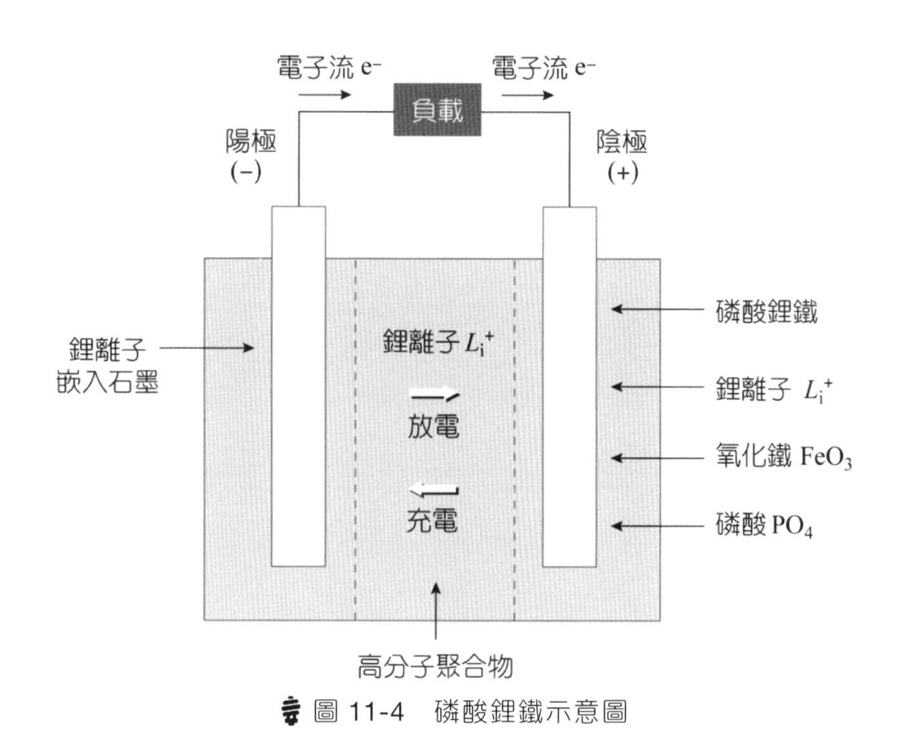

圖 11-4　磷酸鋰鐵示意圖

如圖 11-4 中間是高分子聚合物，把正極與負極隔開，只有鋰離子 Li^+ 可以通過，而電子 e^- 不能通過，以橄欖石形狀的磷酸鋰鐵作為電池正極，由碳（石墨）組成電池負端；當電池充電時，正極中的鋰離子 Li^+ 通過高分子聚合物隔膜向負極遷移；若在放電過程中，負極端的鋰離子 Li^+ 通過高分子聚合物隔膜向正極端遷移。

（二）磷酸鋰鐵電池之優缺點

△ 優點

1. 電池使用壽命長，可在 2,000 次以上。
2. 使用安全，散熱良好，沒有熱失控的風險。
3. 充電快速，使用專用充電器，2C 充電 30 分鐘可以充飽電。

4. 可耐高溫，穩定度高。

5. 容量大。

6. 電池本身環保、無毒、無汙染。

△ 缺點

1. 電池的能源密度小。

2. 導電性能差。

3. 電池低溫性能差。

4. 價格較鉛酸電池昂貴。

(三) 磷酸鋰鐵實務應用

隨著下世代 3C 產品整合（智慧型手機、平板電腦）、高功率系統產品（電動汽機車、智慧機器人）以及再生能源的儲能設備的電源需求，高能量密度及高安全性鋰電池的開發將是未來的發展重點。磷酸鋰鐵之實務應用敘述如下：

1. 大動力的電動車輛：如汽車、機車、堆高機等，如圖 11-5 所示。

2. 輕型的電動車輛：如電動腳踏車、高爾夫球場代步車等。

3. 電動工具：如電鑽等。

4. 遙控玩具：遙控飛機、遙控汽車等。

5. 緊急用電設施：如不斷電系統(UPS)等。

6. 可攜式設備：如直流用照明等。

7. 再生能源儲能設備：如太陽能、風力電力的儲存。

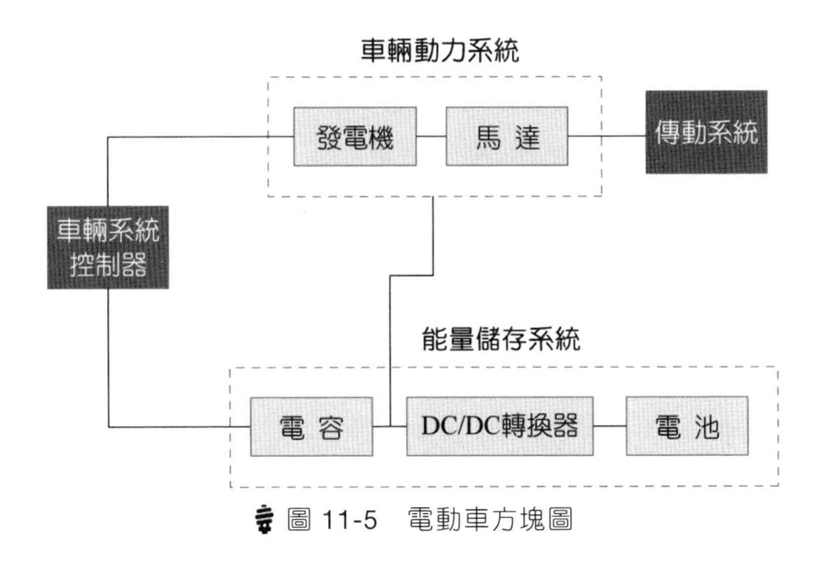

圖 11-5　電動車方塊圖

11-3 超級電容

ECO FRIENDLY TECHNOLOGY

超級電容(supercapacitor, ultracapacitor)是一種具有高功率密度的儲電裝置，藉由電化學雙電平衡理論研製而成。當電流向電容電極充電時，電極表面電荷將吸引周圍電解質溶液中的異性離子，使這些離子附著於電極表面形成雙電荷層，結構上兩電荷的距離非常小（0.5 nm 以下），使電極表面成萬倍的增加，而使電容值為極大。由公式

$$C = \varepsilon \frac{A}{d}$$

（C：超級電容值（F：法拉），ε：介電係數，A：電容極板面積，d：兩極板之間隔。）

其中電極通常以塗覆薄塗層，並連接到導電的金屬集電器。電極必須具有良好導電性、高溫穩定性、長期化學穩定性、強的耐腐蝕性、單位體積和質量的高表面積，並包括環境良善性和低成本。

如圖 11-6 是超級電容之示意圖，在正極電極有一層負離子，在負極電極上有一層正離子，這兩個電極是一組串聯電路，其各別的電容為 C_1 及 C_2，因此總電容為：

$$C_i = \frac{C_1 C_2}{C_1 + C_2}$$

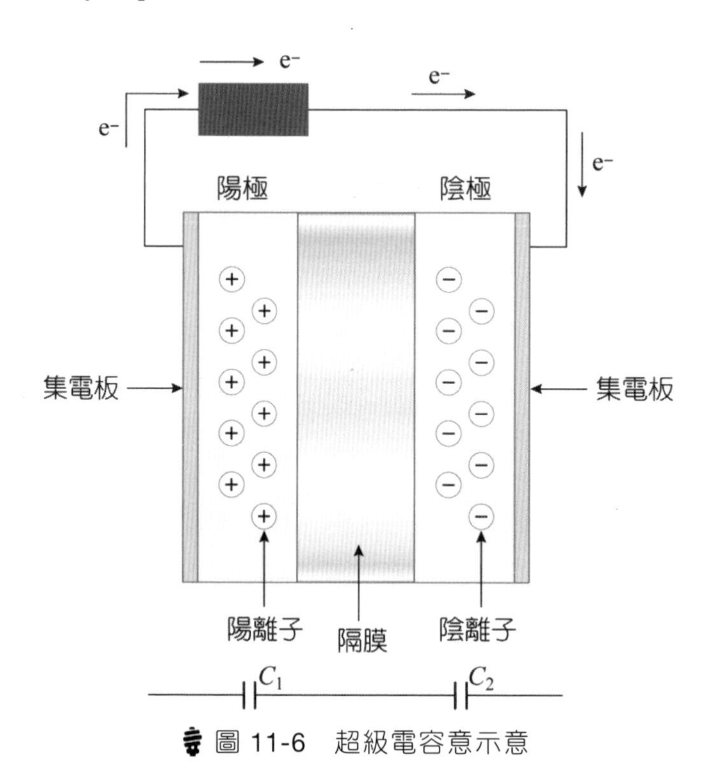

圖 11-6　超級電容意示意

電容器之能量 W（焦耳）：

$$W=\frac{1}{2}C_{DC}V_{DC}^{2}$$（C_{DC}：電容值，V_{DC}：電壓值。）

超級電容用於電動車(EV)和混合式電動車(HEV)，且有剎車回收裝置，可將燃油消耗量降低至 20%~50%。

如表 11-1 為超級電容器與靜電電容器及鋰離子電池效能參數比較。

表 11-1　各種儲能元件效能參數

儲能元件 / 參數	電解質電容器	超級電容器	鋰離子電池
溫度範圍	–40～+125°C	–20～+70°C	–20～+60°C
最大充電電壓	4～6.3V	2.2～3.3V	2.5～4.2V
充電週期	無限	100K～1000K	0.5K～10K
效率	99%	95%	90%
自我放電時間	短（日）	中（週）	長（月）
能量比(Wh/Kg)	0.01～0.3 Wh/Kg	4～9 Wh/Kg	100～265 Wh/Kg
功率比(W/g)	>100 W/g	3～10 W/g	0.3～1.5 W/g
電容值（法拉 F）	≤8.7F	100～12000F	－

超級電容器裝置於電動車升壓型DC-DC轉換器電路，如圖11-7所示。

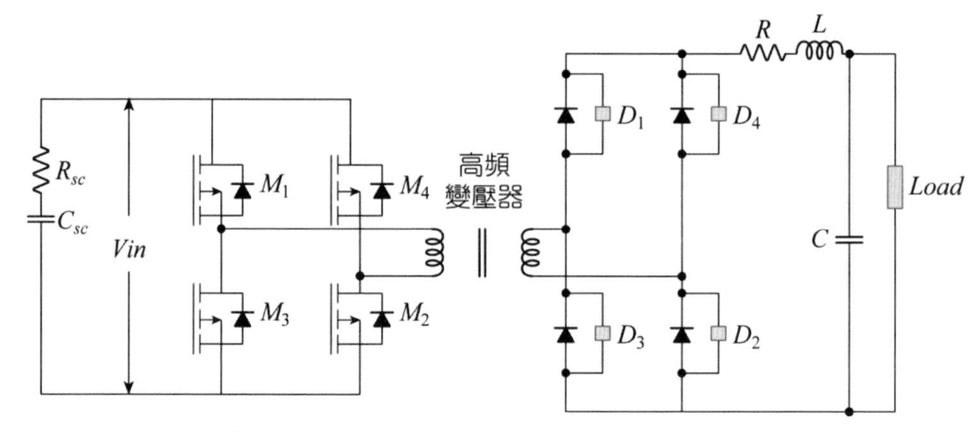

圖 11-7　全橋式升壓型 DC-DC 轉換電路

在圖11-7電路中，輸出端濾波器之電感及電容值之應用公式如下：

$$電感\ L = \frac{n \times d \times Vin}{2 \times \Delta IL_{\max} \times F}$$

$$電容\ C = \frac{\Delta IL_{\max}}{8 \times \Delta V_{\text{out max}} \times F}$$

（$M_1 \sim M_4$：金氧半場效電晶體，n：變壓器匝數比，d：執行率，F：開關之頻率，V_{in}：超級電容之電壓，$D_1 \sim D_4$：二極體，$\Delta IL_{\max}$：電感器最大電流漣波，$\Delta V_{out\max}$：最大輸出電壓漣波。）

（一）超級電容器之實務應用

1. 使用在電動車上與電池組成複合電源系統。
2. 做為備用電力的儲存系統。
3. 交通號誌之電源。

4. 應用於再生能源。
5. 應用於不斷電系統。

（二）超級電容之優缺點

△ 優點

1. 壽命很長。
2. 充電及放電率高。
3. 內部電阻頗低和高週期效率（95%以上）。
4. 具有高輸出功率。
5. 比功率高 $\left(\frac{6\,kW}{Kg}\right)$。
6. 腐蝕性較低的電解質。

△ 缺點

1. 能量密度低於電化學電池。
2. 高自放電。
3. 工作電壓低。
4. 內阻很低，快速放電，有發生電火花的危險。

11-4 釩液流電池

ECO FRIENDLY TECHNOLOGY

釩液流電池(Flow Battery)是一種蓄電池，在這個系統中，通常包含兩個容器，儲存著液態的化學溶劑，形成兩個次系統，這兩個次系統間的連接部分是發電區，以一個薄膜隔開。這兩種化學溶劑，它們在容器中流動到發電區，隔著薄膜產生離子交換，藉由這種方式來進行放電或儲電，如圖 11-8 所示。

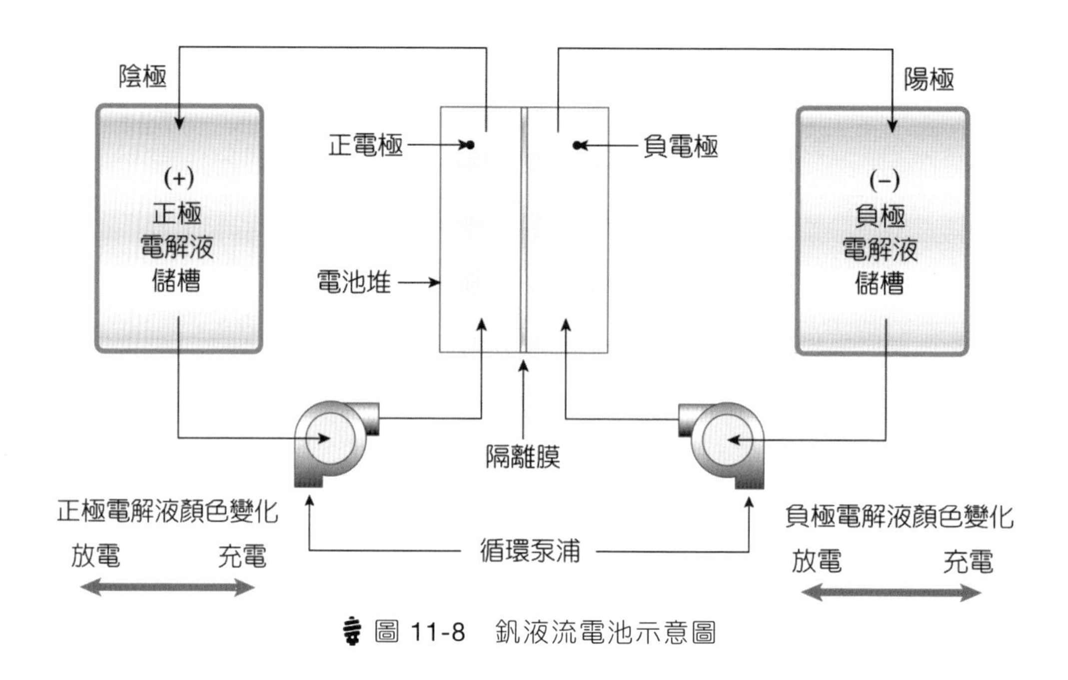

圖 11-8　釩液流電池示意圖

充電狀態	放電狀態
正電極：$V^{+5} \longrightarrow V^{+4} + e^{-}$	正電極：$V^{+4} + e^{-} \longrightarrow V^{+5}$
負電極：$V^{+3} + e^{-} \longrightarrow V^{+2}$	負電極：$V^{+2} \longrightarrow V^{+3} + e^{-}$

△ 釩液流電池動作原理

電解液儲槽中是由不同價的釩離子化合物溶於硫酸水溶液中所組成；其分別有二價釩離子 (V_2^+)、三價釩離子 (V_3^+)、四價釩離子 (V_4^+) 與五價釩離子 (V_5^+)。正極端電解液槽是以四價及五價釩離子成分所組成（顏色分別為藍色與黃色）；而負極端電解液槽則是以二價及三價釩離子成分所組成（顏色分別為紫色與綠色）。利用泵浦的運轉帶動正、負極端電解液，在電池堆中進行充放電循環，使電能可以藉由此反應進行能量的儲存與釋放。如圖 11-9 所示，為 125kW/750kWh 之釩液流儲能系統之實體照片。

圖 11-9　125kW/750kWh 之釩液流儲能系統實體圖
（資料來源：電力綜合研究所）

11-5 儲能系統

ECO FRIENDLY TECHNOLOGY

整合儲能之相關技術，利用再生能源產生之能源作為電解槽之電源，將水電解產產氫與氧氣，可將氫氣送至認證核可之儲氫罐將氫氣儲存，做燃料電池之燃料，可產出電力，亦可作其他方面使用，如圖 11-10 所示。

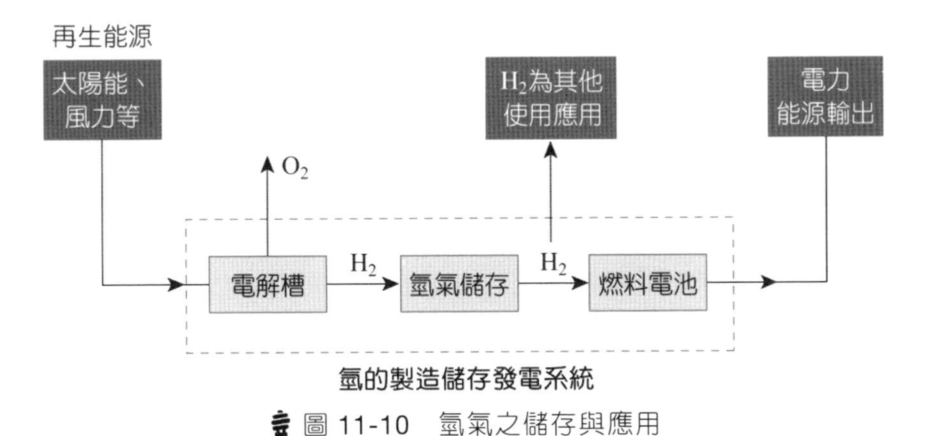

圖 11-10　氫氣之儲存與應用

另外將各類電池（如鋰離子電池、釩液流電池等）組合成電池能源儲存系統，再連接至功率調節系統（做能源管理、調度及改善電力品質的功能），再升壓與電力系統連接，如圖 11-11 儲能系統概念圖。

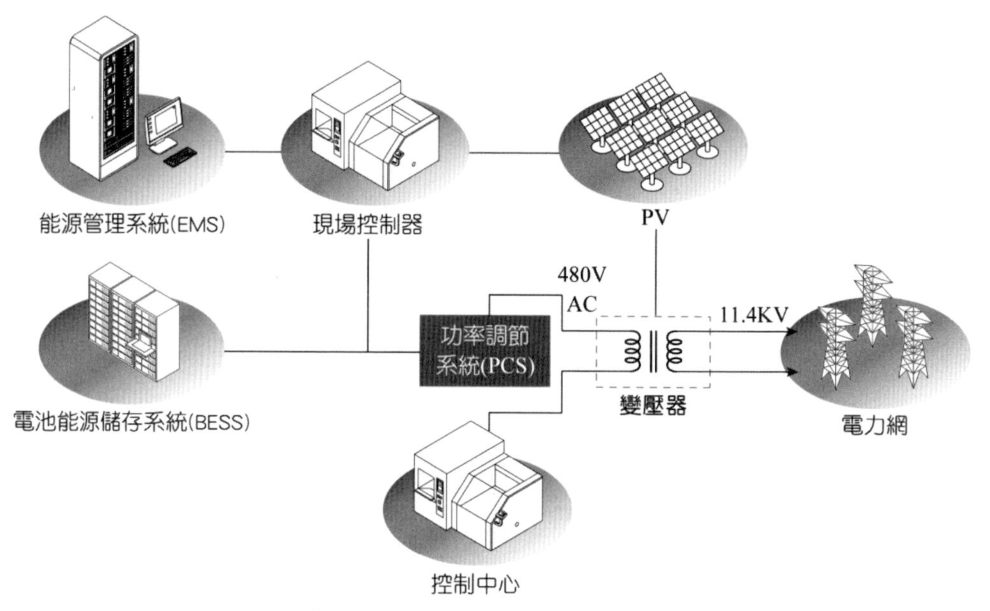

圖 11-11　儲能系統概念圖

結語

面對二十一世紀全球暖化、氣候異常，使用綠色能源，將成為世界主要潮流。而太陽能、風力發電的大幅增加，以及電動車輛大幅度上升，勢必會讓儲能設備在未來扮演重要的角色。

EXERCISE

選擇題

(　)1. 何者是能源轉型的好夥伴？ (1)調頻系統 (2)調壓系統 (3)儲能系統 (4)以上皆非。

(　)2. 在電力系統故障停電時，可啟動何種設備？ (1)儲能 (2)斷路器 (3)保護電驛 (4)以上皆非。

(　)3. 藉由電池、充電器、控制裝置、電力調整系統和相關之配件組成稱為 (1)電容器 (2)調相器 (3)電池儲能系統 (4)以上皆非。

(　)4. 當在夜晚時，無法產生太陽能，其電力可由何者設施提供？ (1)電池儲能系統 (2)電力保護系統 (3)調壓系統 (4)以上皆非。

(　)5. 抽蓄水力儲能是屬於何種儲能？ (1)電磁儲能 (2)物理儲能 (3)電化學儲能。

(　)6. 鋰電池儲能是屬於何種儲能？ (1)電化學儲能 (2)物理儲能 (3)電磁儲能。

(　)7. 下列哪一項不是蓄電池的主要參數？ (1)電池容量 (2)功率因數 (3)內阻 (4)以上皆非。

(　)8. 當電化學反應中，物質得到氧，失去電子，稱為何種反應？ (1)還原 (2)氧化 (3)極化 (4)游離。

(　)9. 超級電容是具有何種特性的儲電裝置？ (1)高功率密度 (2)低放電功率 (3)高功固 (4)以上皆非。

(　)10. 下列何者不是儲能元件？ (1)電池 (2)電感 (3)電容 (4)電阻。

EXERCISE

問題與討論

1. 試述儲能之定義。
2. 試述常用之儲能設備有哪些？
3. 試繪製電動車輛之儲能示意圖。
4. 試說明超級電容之特性。
5. 試繪圖說明釩液流電池之動作原理。

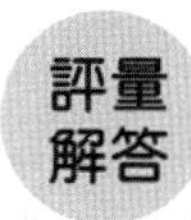

ANSWERS

chapter 01 能源科技概論

1	2	3	4	5	6	7	8	9	10
1	4	3	4	3	1	1	1	1	2

chapter 02 汽電共生

1	2	3	4	5	6				
3	2	1	4	4	1				

chapter 03 太陽能發電系統

1	2	3	4	5	6	7	8	9	10
4	2	1	3	4	2	1	2	1	1
11	12	13	14	15	16	17	18	19	20
2	2	1	1	2	4	1	1	3	1

chapter 04 風力發電系統

1	2	3	4	5	6	7	8	9	
1	3	1	1	4	1	4	1	3	

chapter 05 燃料電池

1	2	3	4	5	6	7	8	9	10
2	1	1	3	4	1	3	1	3	1

ANSWERS

chapter 06 生質能

1	2	3	4	5	6	7	8	9	10
4	4	2	1	3	1	1	2	1	2

chapter 07 小水力發電

1	2	3	4	5	6	7	8	9	10
4	1	2	1	2	1	3	2	1	1

chapter 08 地熱能

1	2	3	4	5	6	7	8	9	10
1	4	3	1	1	4	2	1	2	1

chapter 09 海洋能

1	2	3	4	5	6	7	8	9	10
4	1	4	1	2	1	2	1	2	3

chapter 10 節能技術

1	2	3	4	5	6	7	8	9	10
2	4	3	1	3	1	2	1	1	2

chapter 11 儲能概論與應用

1	2	3	4	5	6	7	8	9	10
3	1	3	1	2	1	2	2	1	4

參考資料 REFERENCES

1. 教育部，能源教育通識師培訓營教材，2007。
2. 經濟部能源局，我國能源效率標準，包括：窗型冷氣機、空調冰水主機與電冰箱以及螢光燈管能源效率標準。於 2000 年以後。
3. 鄒金台等人，我國感應電動機市場發展趨勢與能源效率標準提升研究。臺灣大電力研究試驗中心、經濟部能源局，2007。
4. 李靖男，建築節約能源設計分析與全尺度實驗印證，國立中山大學機械與機電工程學系，博士論文，2002。
5. 嚴志偉，變流量節能技術應用於儲冰空調系統之研究，國立臺北科技大學冷凍空調工程系碩士班論文，2002。
6. 黃鎮江，燃料電池（第四版），全華科技圖書公司，2017。
7. 衣寶廉，燃料電池原理與應用，五南書局，2005。
8. 莊嘉琛，太陽能工程－太陽電池篇，全華科技圖書公司，1997。
9. 林昇佃等，燃料電池新世紀能源，滄海書局，2004。
10. EPARC 著，電力電子學綜論，全華科技圖書公司，2006。
11. 梁適安譯，高頻交換式電源供應器原理與設計，2005。
12. A. J. Appleby, and F.R.Foulkes, AFceel cell Handlook, 2nd edited kreiger publishingeo. P22. 1993.
13. 2007 年能源科技發展白皮書。
14. 新生氫能源應用與燃料電池發展現況經濟前瞻，2005 年 7 月 5 日。
15. Hinrichs. Kleinbach Energy THIRD edition 2002.
16. 經濟部能源局，111 年度各類別再生能源電能躉購費率計算公式使用參考表。

MEMO

MEMO

MEMO

MEMO

MEMO

MEMO

MEMO

MEMO

國家圖書館出版品預行編目資料

綠色能源科技/鍾金明編著. -- 五版. -- 新北市：新文京開發出版股份有限公司, 2023.05
面； 公分

ISBN 978-986-430-922-1（平裝）

1. CST：能源技術 2. CST：綠色革命

400.15 112006128

綠色能源科技（第五版） （書號:TE07e5）

編著者	鍾金明
出版者	新文京開發出版股份有限公司
地址	新北市中和區中山路二段 362 號 9 樓
電話	(02) 2244-8188（代表號）
FAX	(02) 2244-8189
郵撥	1958730-2
初版	西元 2011 年 01 月 01 日
二版	西元 2015 年 03 月 01 日
三版	西元 2016 年 09 月 01 日
四版	西元 2020 年 06 月 20 日
五版	西元 2023 年 05 月 20 日

 建議售價：365 元
法律顧問：蕭雄淋律師
ISBN 978-986-430-922-1

New Wun Ching Developmental Publishing Co., Ltd.

New Age · New Choice · The Best Selected Educational Publications—NEW WCDP